今日からモノ知りシリーズ

トコトンやさしい

建設機械の本

宮入賢一郎

工事現場から災害復旧、そして宇宙へと、建設機械が活躍するフィールドは広がるばかりです。建設機械のしくみから最新テクノロジーまで、知っておきたい基礎知識や活躍する現場など、この1冊ですべてがわかります!

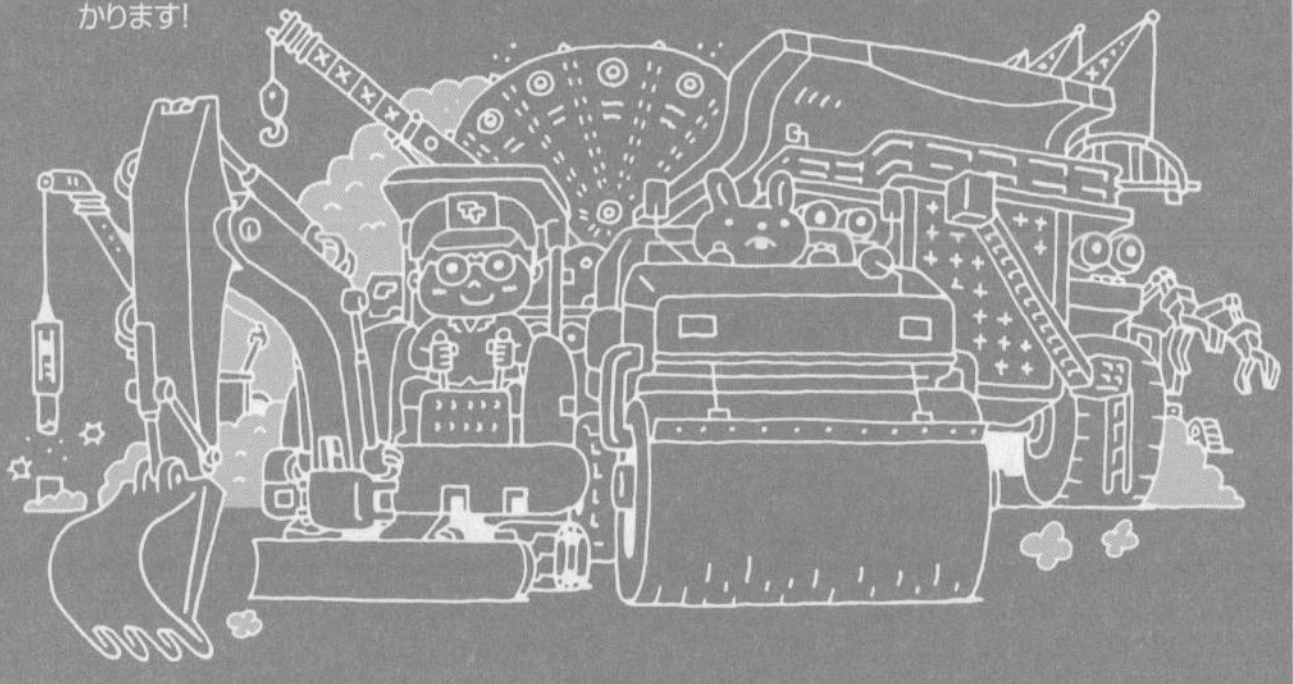

B&Tブックス
日刊工業新聞社

はじめに

人間の力では成し得ないような、大きな仕事をしてくれるのが建設機械です。暮らしを支える道路やダム、橋などの巨大な構造物を作るのはもちろんですが、いろいろな災害の現場で救助や復旧、復興に貢献する存在でもあります。

そんな建設機械は、子供たちにも大人気の「はたらくクルマ」です。でこぼこの大地を走り回るクローラ、土を掘るバケット、重い物を吊り上げるクレーン装置など、どれもが個性的な動きで魅力的なマシンです。

本書では、そんな建設機械の魅力をわかりやすく紹介しています。建設機械の基本となる原理やしくみから、開発・製造、そして現場での活躍ぶりなどを一緒に探索してみましょう。

現代の建設機械は大きな進化を遂げ、さらに発展しています。なかでも、これまで熟練の技が必要とされてきた運転操作は、ICTの導入によって格段に使いやすくなってきました。ICT、つまり情報通信技術を使うことで、より正確に、早く、そして操作ミスを減らして安全な作業が実現しています。

このような建設機械を製造する日本の技術力は、世界でもトップクラスを誇ります。また、将来に向けて、自動運転や自律運転などといった技術開発も進められています。こうした新たな技術開発は、生産性を向上させるだけでなく、省力化や安全性向上、さらには地球環境の保全にも役立ちます。きっとそう遠くない未来には、人類が月や火星で活動するための基地建設など、建設機械の活躍の場は宇宙へと広がることでしょう。

　本書を手にとってくださった読者の皆様が、建設機械により一層の興味を持っていただき、そしてさらなる探究心を育まれますよう願っています。特に、建設を専門とする学生だけでなく、子供たちや一般社会人まで、幅広い皆様が親しめるように写真や図を充実させました。

　本書を執筆している現在は、新型コロナウィルス感染拡大が世界中の大きな問題となっています。こうしたなかで、建設機械の製造メーカーや行政機関、日本各地の建設現場、世界各地の情報提供者など、たいへん多くの企業・団体、個人からのご協力をいただき完成にこぎつけました。内容に関するアドバイスや、写真・資料の提供があったからこそ、充実した内容にすることができました。皆様のご尽力に感謝し、ご紹介したいところですが、本文中の提供者、出典の表示をもって感謝の意に変えさせていただきます。

　本書の発行にあたりましては、日刊工業新聞社出版局書籍編集部長の鈴木徹氏にはたいへんなご尽力をいただきました。また、一般社団法人社会活働機構、株式会社KRC、および竹内敏昭氏、佐藤博文氏、松岡保正氏、望月るみ子氏には、取材や制作にあたっての協力を得ました。ここに記して、厚く謝意を表します。

2021年6月

宮入　賢一郎

トコトンやさしい

建設機械の本

目次

第1章 建設機械の世界

1 人力から道具、そして機械化「建設機械の歴史」……10
2 いろいろな分野で欠かせない建設機械と仲間たち「はたらくクルマ、そして建設機械が活躍する分野」…12
3 建設機械の大きさとパワー「ブルドーザ、油圧ショベルの大きさ比較」……14
4 高いところに手を伸ばす！「世界でいちばんノッポな建設機械」……16
5 狭いところも任せて！小型の建設機械「マイクロショベル、折りたためるクレーンなど」…18
6 世界で活躍！機敏なマシン「クローラローダ、コンパクトショベル」……20

第2章 建設機械の役割と動き

7 削りながら押し運ぶ！「ブルドーザのしくみ」……24
8 削って運ぶ！「スクレーパのしくみ」……26
9 掘って積み込む！「油圧ショベルのしくみ」……28
10 すくい上げて積み込む！「ローディングショベルのしくみ」……30
11 すくって運ぶ！「ホイールローダのしくみ」……32
12 薄く削って敷きならす！「モータグレーダのしくみ」……34
13 削って混ぜる！深く混ぜる！「ロードスタビライザ、路面切削機、地盤改良機のしくみ」…36
14 しっかり締固める！「締固め機械の種類としくみ」……38
15 吊り上げて動かす！「移動式クレーンの種類としくみ」……40
16 離れたところに運ぶ！「ダンプトラック、不整地運搬車のしくみ」……42

第3章 建設機械に応用される原理

17 流し込む！「コンクリートポンプ車のしくみ」……44
18 混ぜる！「トラックミキサのしくみ」……46
19 打ち込む！掘り下げる！「油圧パイルハンマ・ハンマグラブのしくみ」……48
20 切る！刈る！「ハーベスタヘッド、草刈り機のしくみ」……50
21 オーガの回転力で雪を集めて飛ばす！「ロータリ除雪機のしくみ」……52

22 油圧を使う！強い力を生み出すための工夫「パスカルの原理を応用した油圧」……56
23 油圧を制御し効果的に伝えるための工夫「コントロールバルブ、油圧ポンプ、電磁弁」……58
24 歯車を使う！トルクを上げるための工夫「遊星歯車機構のしくみ」……60
25 滑車を使う！吊り上げるための工夫「組み合わせ滑車のしくみ」……62
26 小さな力で大きな仕事をするための工夫「テコの原理の応用」……64
27 ヤジロベエ!?巨大クレーンのバランスを取るための工夫「カウンターウエイトの必要性」……66
28 回転して移動させるための工夫「アルキメデスのらせんの応用」……68
29 リンク機構による工夫「リンクと油圧シリンダを組み合わせる」……70
30 柔軟に動力を伝達するための工夫「自在継手・ユニバーサルジョイントのはたらき」……72

第4章 建設機械のメカニズム

31 **クローラを使う！凸凹でもへっちゃら**「無限軌道クローラの構造」……76

32 **小回りのきく後輪操舵・多軸操舵！**「フォークリフト、オールテレーンクレーンの操舵」……78

33 **重量物を運ぶタイヤ！数と操舵方式が決め手に**「自走式多軸台車とステアリング」……80

34 **回転性能を高める！**「センターピン、アーティキュレート、スキッドステア」……82

35 **シザーズで伸縮する構造**「さまざまなタイプの高所作業車」……84

36 **テレスコピックで伸縮する構造**「クレーンや油圧ショベルなどのブーム構造」……86

37 **便利なアタッチメントで用途を広げる(その1)**「トラクタ系建設機械のアタッチメント」……88

38 **便利なアタッチメントで用途を広げる(その2)**「ショベル系建設機械のアタッチメント」……90

39 **建設機械のコントロール**「クローラやショベルの操作、クレーンの運転席」……92

40 **建設機械の正確な制御技術**「ICTの発展」……94

第5章 安全第一！建設機械の安全対策

41 **転倒防止に不可欠なふんばり！**「H型とX型のアウトリガ構造」……98

42 **オペレーターの保護と快適性の向上**「オペレーターの保護構造ROPS、FOPS、OPG…」……100

43 **危険を知らせるしくみ**「センサや警報装置、運転支援装置」……102

44 **排気ガスや騒音を低減する環境保全技術**「排出ガス低減や低騒音技術」……104

45 **遠隔操作で作業する建設機械**「災害現場の遠隔操作と無人ダンプトラック」……106

第6章 現場で活躍する建設機械たち

46 トンネル掘削に威力を発揮するマシンたち！「ドリルジャンボ、自由断面掘削機の仕事」……110
47 平坦な路面の舗装を作るために「アスファルトフィニッシャの仕事」……112
48 ダムの工事現場で働く建設機械「コンクリートの敷均し、締固めの仕事」……114
49 つかんで掘り上げる！深い穴を掘るマシン「テレスコピック式クラムシェルの仕事」……116
50 地下を掘り進むカッター「シールドマシン、トンネル掘削機の仕事」……118
51 快適な暮らしに！造園で使われる建設機械「ミニショベル、ユニッククレーンの仕事」……120
52 林業の現場で活躍するマシン！「高性能林業機械の仕事」……122
53 土砂をすくい集めるマシン！「ドラグライン、クラムシェルの仕事」……124
54 水中で土木作業ができる!?「水陸両用ブルドーザ、水中バックホウの仕事」……126
55 アルキメデスの原理！浮力で巨大な橋を運ぶ！「起重機船の仕事」……128
56 高いビルで活躍するさまざまクレーン「ジブクライミングクレーン、クローラクレーンの仕事」……130
57 四本脚のアウトリガで斜面でもへっちゃら！「かにクレーンの仕事」……132
58 見えない橋の下で点検や修理する機械！「橋梁点検車の仕事」……134
59 冬の高速道路を安全に！除雪の現場「スノープラウ、ロータリ除雪車の仕事」……136

第7章 最先端と未来の建設機械

60 二本の腕を持つロボットのような重機！「被災地のがれき撤去で活躍した双腕仕様機」……140
61 低炭素社会に貢献するハイブリッド建機「低炭素型建設機械、ハイブリッドシステム」……142

62 3Dプリンタが建材パーツを作り出す！「建設用3Dプリンタの可能性」……144
63 遠隔操縦と自律稼働「GNSS、5Gを活用した建設機械の将来」……146
64 月や火星での基地建設をめざして！「宇宙で活躍が期待される建設機械」……148
65 未来の建設機械「VRやAI、ロボットなど先端技術の応用」……150

コラム

●モンスターマシン！世界で活躍する巨大な重機たち……22
●安全や環境に貢献するマシン！……54
●建設機械のミュージアムに行ってみよう！……74
●オールマイティな建設機械……96
●建設機械を組み合わせる……108
●日本の各地で活躍する建設機械……138
●建設機械メーカーの世界シェア……152

第1章

建設機械の世界

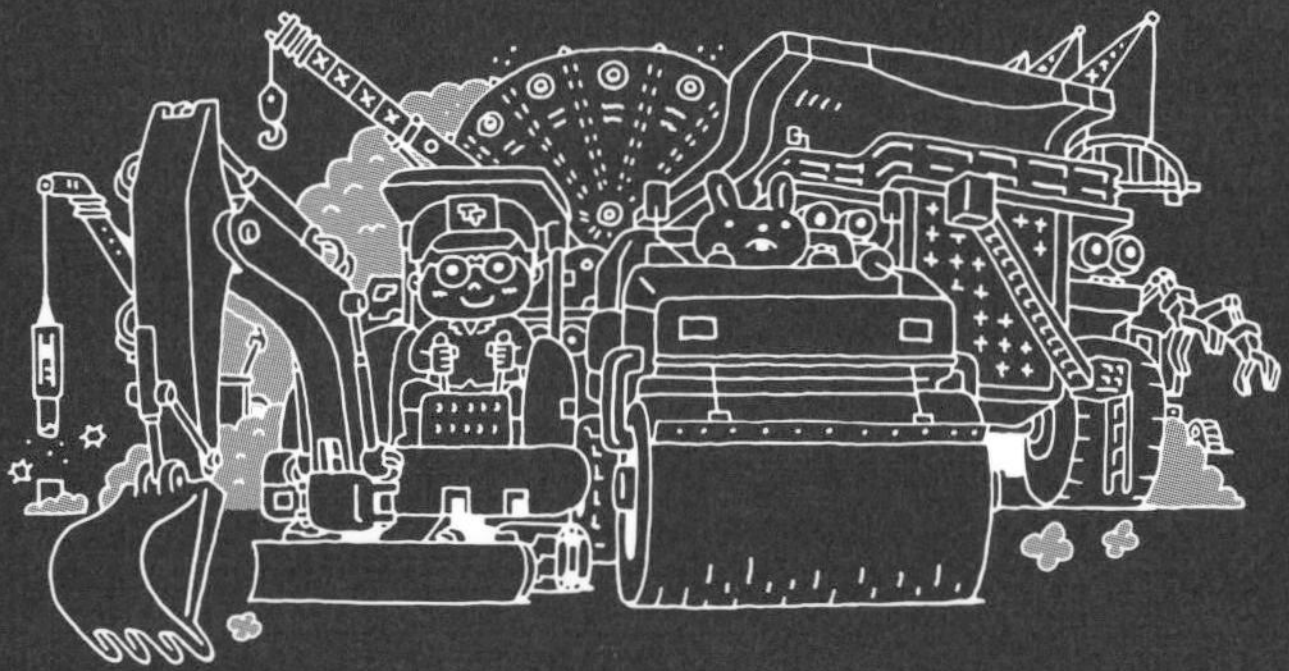

1 人力から道具、そして機械化

私たち人類は、太古からさまざまな道具を使いながら産業を発展させ、くらしを安全に、そして豊かにしてきました。紀元前5000年頃の古代エジプトでの農耕者は、すでに人や牛がひく犂（すき）や鍬（くわ）を道具（プラウ）として使っていたと言われています。

紀元前3500年頃のメソポタミア、そしてエジプトなどでは、灌漑工事などの大掛かりな土木工事がはじまりました。その後、16〜17世紀に入ると、ガリレオ・ガリレイの「螺旋型回胴型ポンプ」（揚水・灌漑用機械）の特許をはじめ、さまざまな道具が考案されてきましたが、そこでの動力は人力や馬力などに頼るものでした。

17世紀末、実用となる最初の蒸気機関として、鉱山用の揚水ポンプが製作されました。1781年、イギリスのワットによって、それまでのピストンによる上下運動から、回転運動へと転換した蒸気機関が発明されると、船や鉄道、自動車など、あらゆる機械に利用されるようになり、浚渫船や回転さく岩機などといった建設機械も登場しました。1818年には、シールド工法が特許となり、テムズトンネルの掘削に採用されています。18世紀から19世紀にかけて、小型高圧力の蒸気機関が蒸気クレーンや蒸気掘削機に用いられ、動力式の建設機械が活躍する時期になりました。この頃から、ガソリン機関やディーゼル機関も発明され、こうした内燃機関によって建設機械はさらに進化することにつながっていきました。

1904年には、車輪からクローラに転換したキャタピラが生まれ、走行体のバリエーションが増えました。

我が国では、1930年頃に電気ショベル、1943年にブルドーザの国内生産をはじめています。また、1933年、山岡孫吉（ヤンマー創業者）が、世界で初めてディーゼルエンジンの小型化に成功し、産業界に大きな功績を残しました。

要点BOX

- ●道具を使った人力や牛馬から、蒸気を使った機械化へ
- ●100年以上前の1904年にクローラが発明
- ●1930年代以降、わが国でも建設機械を生産

建設機械の歴史

鋤(すき)、鍬(くわ)を
使った人力での掘削

道具を用いた農耕のはじまり。
古代エジプトのプラウ
紀元前1200年頃

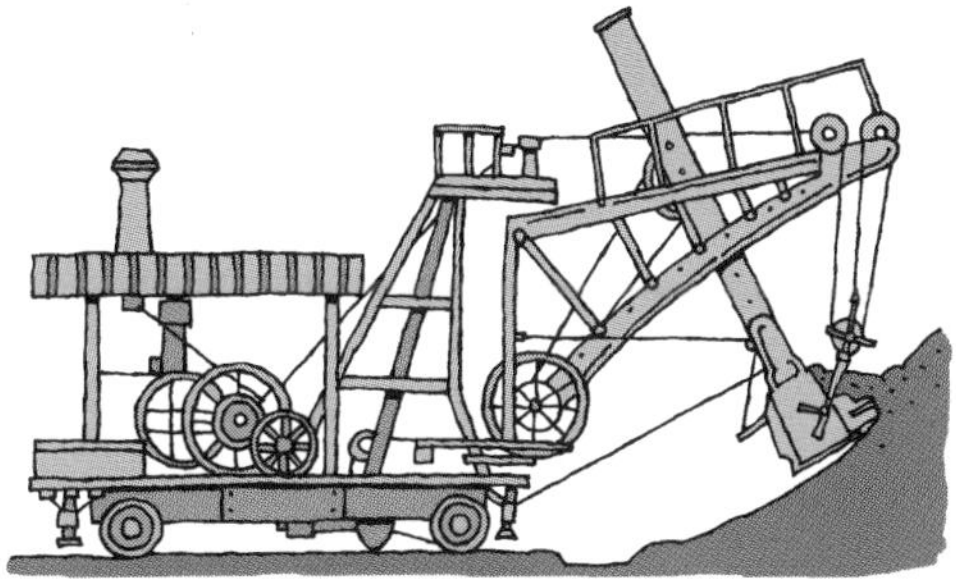

機械式蒸気ショベルの発明

RussellのBullDozer
1917年

馬を用いたブルドーザの原型

1930年頃

国産ショベル第1号機
神戸製鋼所　電気ショベル50K

写真提供:コベルコ建機

1943年

ブルドーザ
小松製作所　G40(小松1型均土車)

写真提供:コマツ

20世紀後半から、公害対策や環境保全のへの配慮が求められるようになり、さらに安全性や効率性を高めるハイテクの導入が進んでいます。

2 いろいろな分野で欠かせない建設機械と仲間たち

はたらくクルマ、そして建設機械の活躍する分野

子どもたちも大好きな「はたらくクルマ」。消防車やパトカー…、そして建設機械。建設機械は、土木や建築、災害などといった現場ではたらくクルマとして親しまれています。

建設機械は、大きく分けて土工機械（一般土工機械、小型建設機械、鉱山機械）、道路機械、建設用クレーン、ドリル・アタッチメントとされています。

土工機械のうち、一般土工機械は、土砂の移動などの土工事に多く用いられるタイプで、工事現場で活躍する中型のブルドーザ、油圧ショベル、ホイールローダ、モーターグレーダなどです。小型建設機械は、ミニショベルやスキッドステアローダなど。鉱山機械は、大型の油圧ショベルや大型ホイールローダ、鉱山用ダンプなどがあります。

道路機械は、各種のローラなどの締固機（締固め用機械）や、アスファルトフィニッシャなどの舗装用機械です。

建設用クレーンもさまざまなタイプがあります。トラックに付属したトラッククレーンや、移動式のクローラクレーンのほか、ダムや橋の建設で使われるケーブルクレーン、ビル建築で使われるタワークレーンなどが活躍しています。

土工に用いられる油圧ショベルでは、作業装置としてバケットというアタッチメントが取り付けられています。アタッチメントは、作業内容に応じて付け替えることができます。例えば解体作業で使うようなブレーカや圧砕機、深いところを掘れるクラムシェル、さらに、草刈り作業や林業作業などのアタッチメントが開発されています。

世界には、今なお対人地雷で苦しむ地域もあります。わが国の建機メーカーの専門技術やモノづくりに関する知恵を活用して、ブルドーザや油圧ショベルといった建設機械をベースにした対人地雷除去機が開発され、国際貢献として提供されています。

要点BOX

- ●分類は、土工機械、道路機械、クレーンなど
- ●アタッチメントによってさまざまな作業に対応
- ●対人地雷除去機などで国際貢献も果たす

建設機械の分類

分類(定義)		主な製品
土木機械	一般土木機械	中型油圧ショベル、ホイールローダ、ブルドーザ、グレーダ等
	小型建設機械	ミニショベル、バックホーローダ、スキッドステアローダ等
	鉱山機械	大型油圧ショベル、ホイールローダ、鉱山用ダンプ等
道路機械		締固機械(ローラ)、舗装用機械等
建設用クレーン		トラッククレーン、クローラクレーン(移動式)等
ドリル・アタッチメント		削岩機・ブレーカ、圧砕機、クラムシェルバケット等

対人地雷除去機

カンボジアで稼働する
D85MS

ラオスで稼働するPC130-8
ベース地雷除去機(不発弾処用)

写真提供:コマツ

関連ページ 6 世界で活躍! 機敏なマシン

3 建設機械の大きさとパワー

ブルドーザ、油圧ショベルの大きさ比較

建設機械の中でも巨大なものは、鉱山で使われる機械で、石炭や鉱物を採掘する時に使われています。このような現場では、一度にたくさんの掘削、運搬を行うことが求められるため巨大化してきました。

世界最大級の超大型油圧ショベル、コマツPC8000は、重量が685トン、3730馬力を誇ります。運転席の高さは8・45m、ビル3階ほどの高さです。掘削するバケットは42m^3、ふろおけ約117杯という大きなものです。さらに、これを超えるマシンがありました。ドラグライン P&H 9020Cです。バケット容量は約92m^3。機械の高さは67・7mで、23階建てのビルと同じサイズです。ブルドーザの最大級は、コマツD575A。機械質量131トン、全高は4・88mです。ブレード容量は44・3m^3。高効率ターボチャージャーを備えたエンジンは、1065馬力を発揮しています。

鉱山では、運搬するトラックも巨大です。なかでも世界最大級は、ベラルーシのBelaz社が製造している75710。ディーゼルエンジンを2基搭載し、23000馬力を生み出しています。高さは8・3m、全長は20・6mで、最大積載量は450トン。前輪もダブルタイヤになっており、タイヤ荷重を分散させています。

身近な建設現場に目を移してみましょう。さすがに鉱山で活躍しているような巨大なマシンを見ることはできません。むしろ、狭いところで活躍している建設機械に特色があります。超小旋回型という規格の油圧ショベルが基礎掘削の現場で稼働していました。車幅はわずかに1・38m、軽トラックの車幅よりコンパクトです。特色は腕（ブーム、アーム）の形と動きにあります。超小旋回型という規格のこの機種では、腕を折り曲げた状態だと、ほぼ車体幅以内で回転することができます。それでも約20馬力を発揮してくれます。

要点BOX

- ●鉱山ではさまざまな巨大な建設機械が活躍
- ●狭い場所でも効率良く動ける建設機械
- ●現場の広さにふさわしい建設機械が活躍

大型建設機械の大きさくらべ

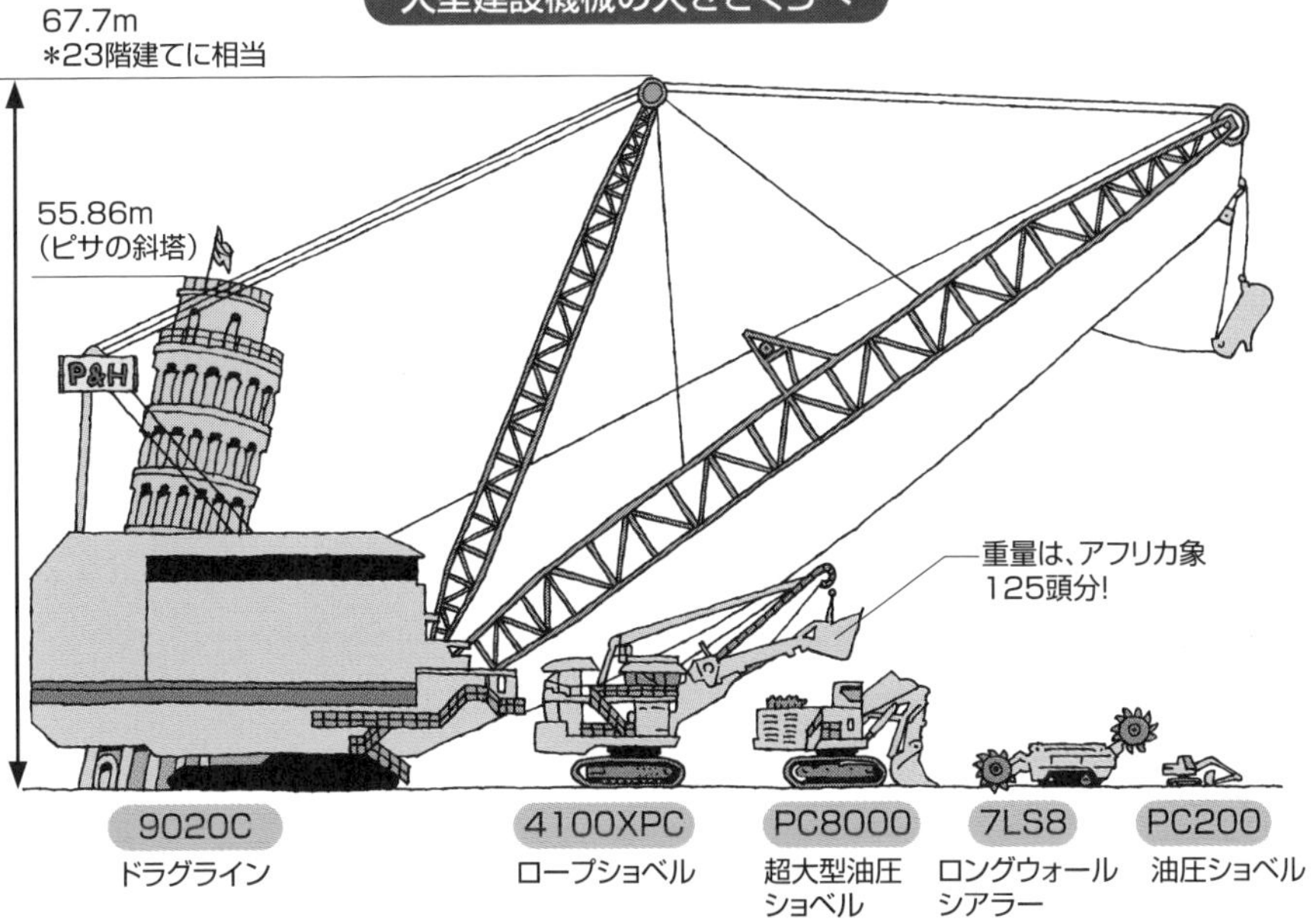

建設現場の建設機械

写真提供:コマツ

写真提供 Belaz

ヤンマー建機
超小旋回型バックホウ B2Σ (B2-5)

取材協力:長野県佐久建設事務所・
株式会社竹花組 撮影:筆者

関連ページ 【第1章コラム】モンスターマシン！ 世界で活躍する巨大な重機たち

4 高いところに手を伸ばす！

「世界一のノッポな建設機械!?」そんなふうに呼ばれているのが、超大型解体機。SK3500D（コベルコ建機）は、ギネスにも登録されたことがあり、当時は世界でいちばん背の高いマシンでした。現在でも解体機では世界最大級です。

都市部での再開発事業や老朽化したプラントの更新など、近年では大型建築物の解体作業が大型化、また複雑化しています。このようなニーズに対応し、超大型解体機が開発されました。

この建設機械の最大の特徴は、長く伸びたアームと先端に取り付けられた破砕機で構成された超ロングアタッチメントです。重量2・9トンの破砕機を装着した状態で可能となる最大作業高さは65m、およそ21階建てのビルに相当する高さに達します。このような高所を確認しながらの作業を補助するために、運転席のあるキャブは最大30°上方に傾けることができるチルト可動機構を持っています。また、キャブ内にはアタッチメント先端に取り付けられた作業先端確認カメラと、後方視界を確保するための後方確認カメラの2台によるモニターが備えられています。また、各種センサにより許容範囲を超える傾斜や転倒の危険性を知らせる警報機能も装着されています。

クローラを持つ下部走行体は、200t吊りクローラークレーンをベースにしていますので移動が可能であり、本体重量327トンを支える低重心の安定性を確保しています。

このような大きな建設機械はどのように運ばれるのでしょうか？運搬に使われるトレーラの積載能力、道路交通法などの各種法令で定められている基準を満足するために、このマシンは機械全体を最高17個まで分割可能に設計されています。基本フレーム、左右それぞれのクローラ、カウンターウエイトやブームも複数に分解し、それぞれを別のトレーラやトラックに積載して運搬し、現地で組み上げます。

要点BOX

- ●ギネスにも登録された身長の高い解体機
- ●超ロングアタッチメントで65mの高さで作業可能
- ●分解して運搬、現地で組み立てる

超大型解体機

解体作業のようす

写真提供:コベルコ建機

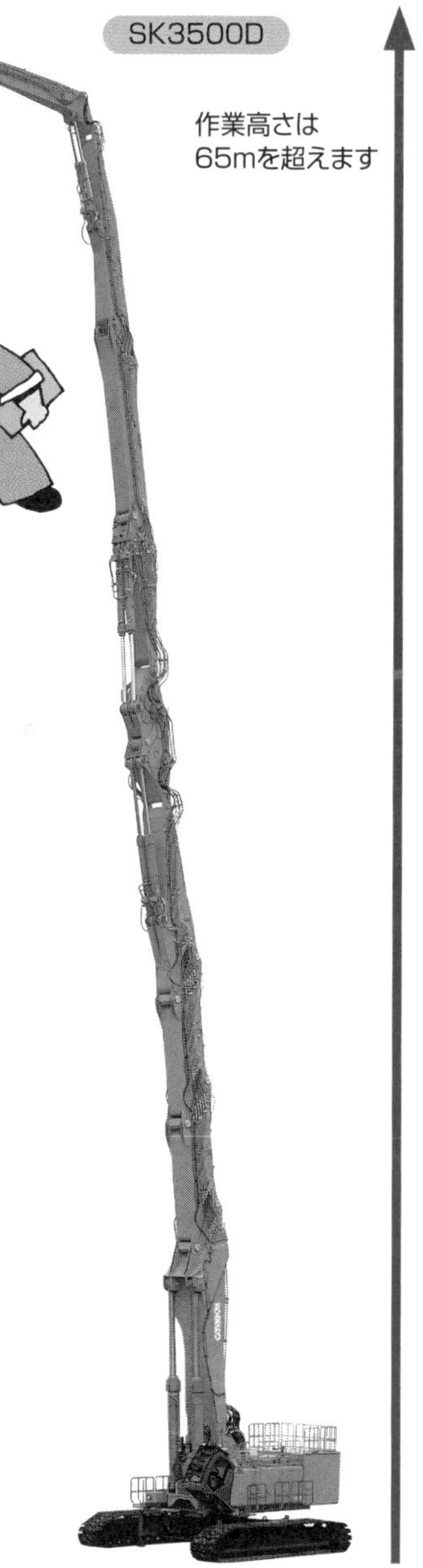
SK3500D
作業高さは
65mを超えます

写真提供:コベルコ建機

関連ページ 38便利なアタッチメントで用途を広げる(その2)

5 狭いところも任せて! 小型の建設機械

マイクロショベル、折りたためるクレーンなど

かわいらしい小さなボディで、狭い場所での作業もすいすい。そんな小型の建設機械を紹介しましょう。

まずは、最小級のマイクロショベル PC01-1です。全幅580㎜はまさに人の肩幅程度。このサイズで住宅と塀の間のスペースなどでも楽に入り込めます。もちろんオペレータが搭乗した状態で、全旋回とブームがスイングできるので、溝掘りもしっかりできます。垂直掘削深さは最大で780㎜。住宅まわりの配管工事でも活躍できます。クローラで前後進、方向転換が可能。さらに装備されているブレードによって、埋め戻しや整地作業にも活用できます。機械質量が300kgなので、軽トラックの積載重量もクリアできます。この時、ブームの根元にあるポスト部分で回転できる構造が役立ちます。

もう一台、ご紹介する小型の建設機械は、クレーンURU054Cです。このクレーンの最大の特徴は、折りたたみが可能なこと。移動時にはアウトリガ(転倒防止装置)を折りたたんで、全幅595㎜、全長1870㎜、全高も1290㎜の箱型になります。クローラで移動でき、幅1・2mの直角通路も曲がれます。作業時にアウトリガを張り出すことで安定したクレーン作業が可能になります。4段に伸びるブームによって地上揚程は最大5・6m、地下揚程は最大10・5m程度。総重量は1000kgでトラックの荷台に収まるサイズです。

土砂を運ぶクローラキャリアにもコンパクトタイプがあります。C12R-Cの最大積載量は990kg。荷台が前方に持ち上がるタイプ以外にも、3方向へのダンプが可能なタイプもあり、狭い場所での作業に適しています。舗装の締固めに用いるロードローラにもコンパクトな機種があります。DD25Bは1000㎜の締固め幅を持ち、高周波振動による滑らかな舗装面を仕上げることができます。

要点BOX

- ●狭い場所に対応したコンパクト建設機械が活躍
- ●ブームやアウトリガを折りたたんでコンパクトに
- ●狭い場所での作業を効率よくするための機能が充実

ミニショベル

マイクロショベルPC01-1

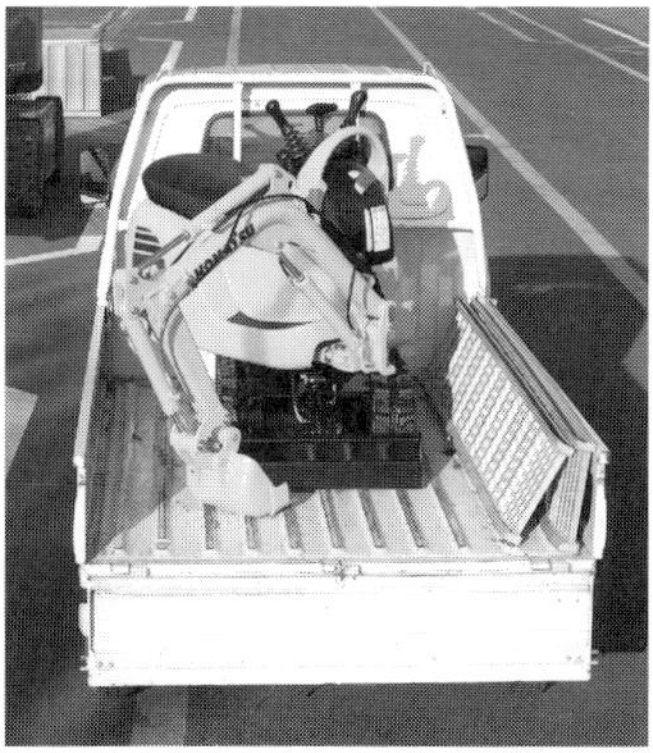

写真提供:コマツ

折り畳んで運ぶクレーン

ミニ·クローラクレーン URU054C

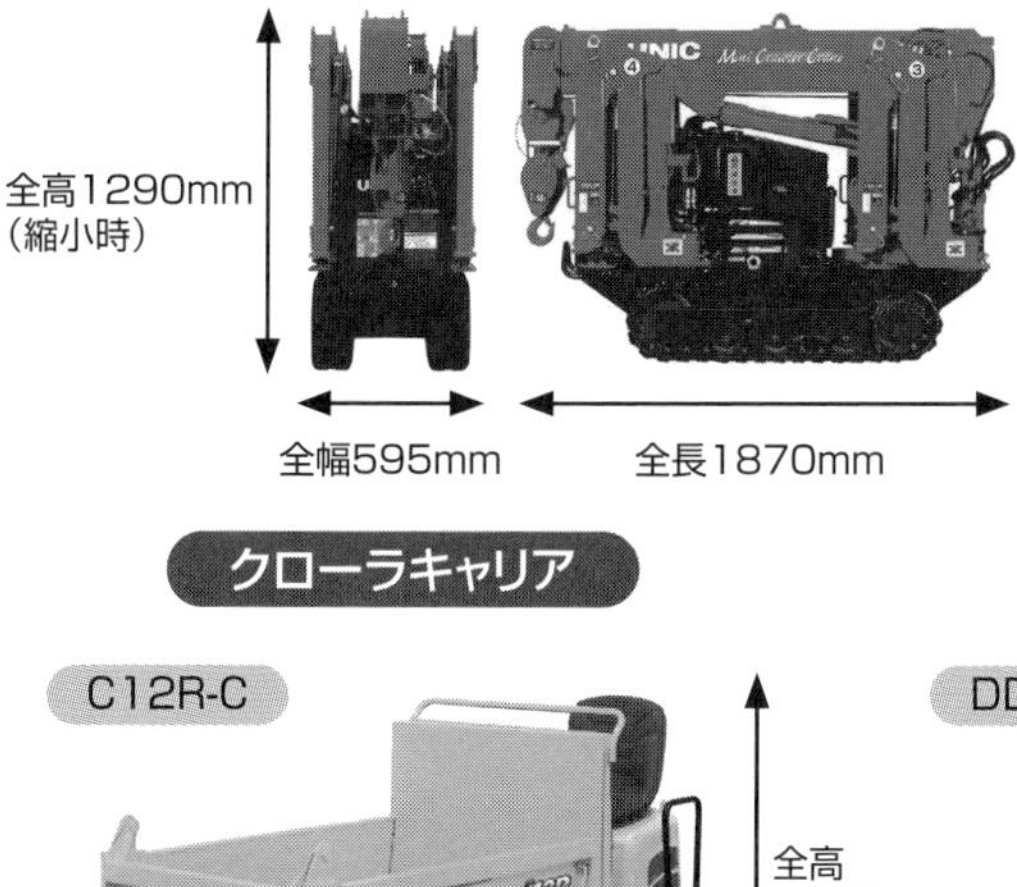

写真提供:古河ユニック株式会社

クローラキャリア

C12R-C

写真提供:ヤンマー建機

ロードローラ

DD25B

写真提供:ボルボ建機ジャパン

関連ページ 51造園で使われる小型の建設機械

6 世界で活躍！機敏なマシン

クローラローダ、コンパクトショベル

ベルリンの壁崩壊。1989年の突然のこの出来事は、歴史的瞬間のニュースとして世界中を駆け抜けました。この壁の撤去の映像に日本製のミニショベルが映っていたことを知る人は少ないかもしれません。しかし、高くて狭い不安定な場所でも作業できる能力と信頼性は、世界で高く評価されました。

この時に使われたミニショベルを開発、製造しているのが竹内製作所です。例えば、ホイール式のスキッドローダが不得意とするような不整地や泥沼地でも掘削・運搬できるマシン、深礎掘削で地底を掘削できるマシン、軽量で頑丈なマシンなど、世界中のニーズに応えた新しい市場を開拓する製品開発に取り組んできた企業です。

クローラローダは、ホイール式のスキッドステアローダが不得意とする不整地や泥沼地のような滑りやすい現場であっても、小回り良く効率的に土砂の掘削や運搬、整地などの作業ができます。

コンパクトな油圧ショベルも、幅広い用途で過酷な現場に対応できるように独特な進化をとげています。車幅とほぼ同じ範囲内で、上部体が360°のフル旋回する構造は、都市部などの狭い場所での作業に適します。キャビン前方でブームが左右にスライドする独自の構造によって、正面を向いた状態で、境界ぎりぎりをまっすぐに掘削する作業もできます。

別のタイプのミニショベルは、クローラが「開脚」する構造を持っています。深礎掘削工事で活躍するための電動モータ仕様です。竪穴となる深礎掘削では、直径2m、3mというような円筒形をしたライナーの底部を掘り下げる作業に使われます。狭い作業範囲内で、らせん状に掘削するために左右のクローラが60°以上開脚する構造が開発されました。また、きれいな円形の竪穴にするように、隅をしっかり角掘りするために、バケットの持ち上がる角度（反射角）を大きくするなど、細やかな特殊能力を備えています。

要点BOX

- ●「ベルリンの壁」崩壊後の撤去で活躍した日本製マシン
- ●"ハ"の字型に開脚するクローラで深礎掘削
- ●排ガスを出さない電動モータを使用

ミニショベル

▼不整地を得意とする
コンパクト・クローラローダ

▼「ベルリンの壁」崩壊後の
撤去で使われた建設機械

コンパクトショベル

TB257FR

▼独自のブーム構造で、ほぼ車幅内での全回転、
狭小地や壁沿いでの溝掘りなども得意

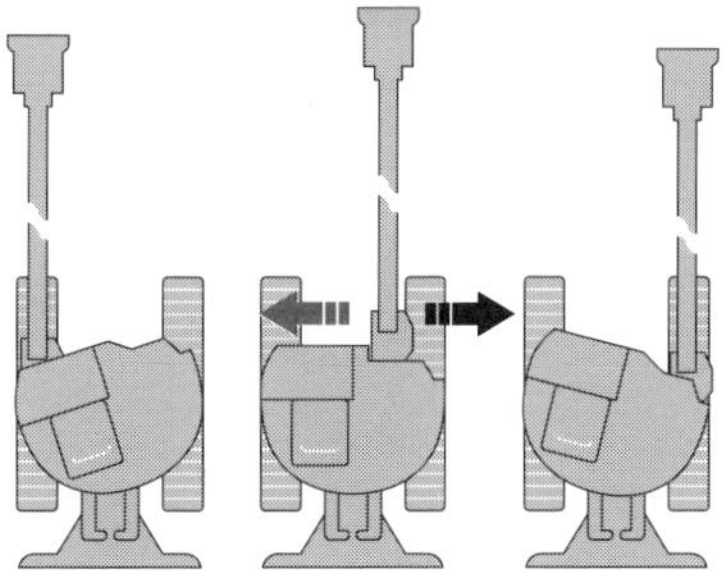

コンパクトな油圧ショベル

深礎掘削機

TM20

深礎掘削機は、クローラを60°以上の“ハ”の字型に開脚でき、ライナー径2～3m内をらせん状に掘削することが可能

写真・資料提供:株式会社竹内製作所

関連ページ 【第1章コラム】世界で活躍する巨大な重機たち

Column

モンスターマシン！世界で活躍する巨大な重機たち

世界には、想像を絶するような巨大な建設機械が鉱山で活躍しています。

人類史上最大の自走機械と呼ばれるバケットホイールエクスカベータBagger293もその1つです。ドイツのハンバッハ鉱山で稼働するこのマシンは、高さ96m、長さ225mというビッグサイズで、NASAのロケット運搬装置を超える大きさとして注目されています。

長いアームの先端には、巨大なホイールが付いています。このホイールの外側には、たくさんの掘削バケットが取り付けられており、ホイールの回転によって、鉱物を採掘する構造になっています。一日に採掘可能な量は約22万トンに達します。これは、東京ドーム1個分の土砂を5日間で移動できる性能です。

鉱山では、巨大なダンプトラックも活躍しています。世界最大の積載量450tを誇るのは、BELAZ75170です。長さ20・6m、高さは8・265mで3階建てのビルに匹敵します。

これに岩石を積み込む機械式ホイールローダもビッグサイズです。

写真提供：Belaz

バケットホイールエクスカベータ

関連ページ　3 建設機械の大きさとパワー　6 世界で活躍！機敏なマシン

第2章

建設機械の役割と動き

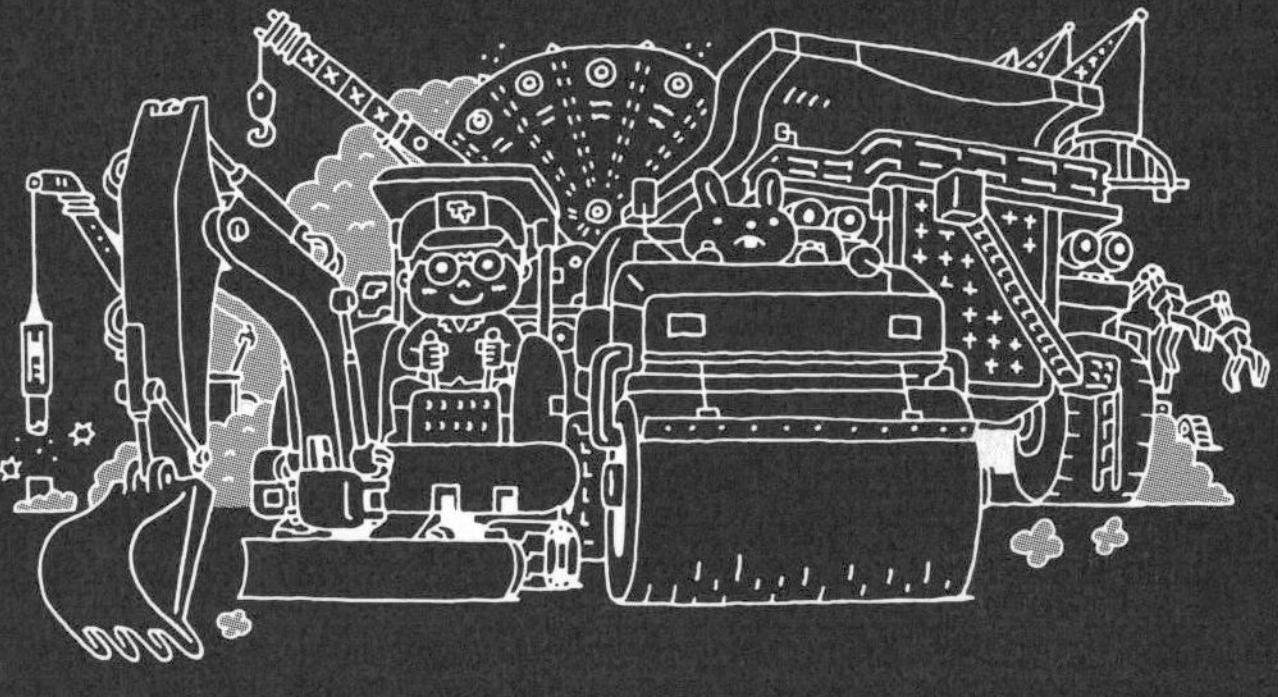

7 削りながら押し運ぶ！

ブルドーザは建設機械のなかでも、もっともポピュラーな存在です。ベースとなるトラクタに、ブレード（土工板）と呼ばれるアタッチメントを装備したタイプをよく目にします。

不整地でも走行可能なクローラを用いたトラクタは、古くから農耕用や各種のけん引用に使われていましたが、第二次世界大戦後の復興や国土開発にブルドーザの需要が高まり、国産機の開発、製造も盛んになりました。接地面積の大きなクローラは、軟弱地や不整地、傾斜地での走破性が高く、大きな牽引力もあるので、土工事などに適しています。

ブルドーザの規格は、機械質量、つまり重さです。区分の目安としては10トン以下のものを小型、15トン前後を中型、20トン以上を大型とし、3トン以下の超小型、60トン以上を超大型としています。ちなみに普通ブルドーザでは、重量の80～90％がけん引能力の目安と言われています。

ブルドーザは、前部にエンジン、後部に運転席という配置が一般的です。運転席からの操舵は、ハンドルを用いたステアリングではなく、左右のクローラの個別動作によって行います。

アタッチメントの違いによる呼び方もあります。機体の進行方向に対して垂直となるストレートドーザは、1回で押し出せる量の大きなタイプで、ブルドーザの代表的なイメージになっています。また、進行方向に対して左右に向きを変えられるアングルドーザなど、さまざまな種類があります。

機体の後部にはヒッチと呼ばれる牽引具の取り付け器具があります。ここに取り付けられる後部アタッチメントにリッパがあります。これにより、岩石や硬土、アスファルトなど、堅固な地盤を破砕、切削することができます。リッパ装置には大きな牽引力が必要となりますので、大型ブルドーザに用いられることが多いです。

要点BOX
- ●トラクタにブレードを取り付けたブルドーザ
- ●機械重量で決まるブルドーザの規格
- ●リッパなどの後部アタッチメント

ブルドーザ各部の名称

D155AXi-8

運転席からの視界

写真提供:コマツ

D11T

写真提供:キャタピラー

関連ページ 31クローラを使う！ 37便利なアタッチメント(その1) 39建設機械のコントロール

8 削って運ぶ！

スクレーパのしくみ

スクレーパは、土砂の掘削、積込、運搬、撒土を連続作業できる建設機械です。宅地造成やゴルフ場、高速道路などの大規模土工現場で活躍しています。

スクレーパの構造では、掘削した土砂を抱え込むボウルが特徴的です。ボウルの開口部には、エプロンと呼ばれる昇降可能なゲートが備えられています。また、ボウル内の後方には前後にスライドできるエジェクタ（排土装置）があります。掘削の時はエプロンを開けてボウルを下げ、ボウル底部のエッジで土砂を切削しながら土砂を入れます。運搬時にはボウルを上げて、エプロンは下げ、土砂を抱え込むことができます。撒土の際は、エプロンを上げてボウルを下げ土砂を排出しますが、この際にボウル内で後退していたエジェクタを前進させます。

スクレーパには、トラクタなどにけん引される被けん引式と自走式があります。

被けん引式スクレーパは、クローラ式のトラクタにけん引されるタイプで、軟弱地や不整地、勾配地での作業に適しています。運搬距離60～４００ｍ程度で用いられます。

自走式スクレーパは、モータースクレーパとも呼ばれ、ホイール式が一般的です。このため、被けん引式スクレーパに比べて走行速度が速く、２００～１２００ｍ程度の比較的長距離の運搬が得意です。エンジンが前方で前輪駆動のシングルエンジン式と、エンジンが前後にあって前後輪駆動のツインエンジン式があります。ツインエンジン式は、力が大きいことから、回転抵抗のある場所や勾配の大きな場所でも効率良く作業できます。シングルエンジン式を補助するために、ブルドーザで後押しする方法がとられることもあります。

ブルドーザとスクレーパを合体した建設機械もあります。スクレープドーザです。左右のクローラの間にボウルを配置し、進みながら土砂を抱え込むことができます。

要点BOX

- ●スクレーパはクローラ式トラクタでけん引する
- ●長い運搬距離に適する自走式スクレーパ
- ●作業に応じボウル、エプロン、エジェクタを上下

被けん引式スクレーパ

掘削積込み

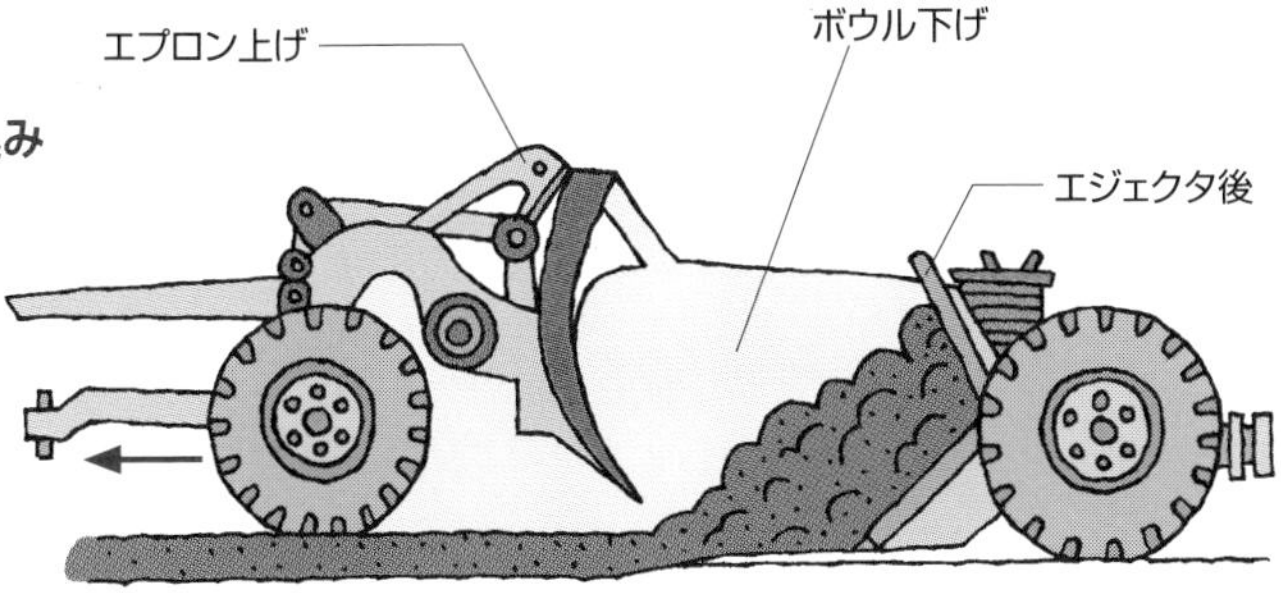

運搬

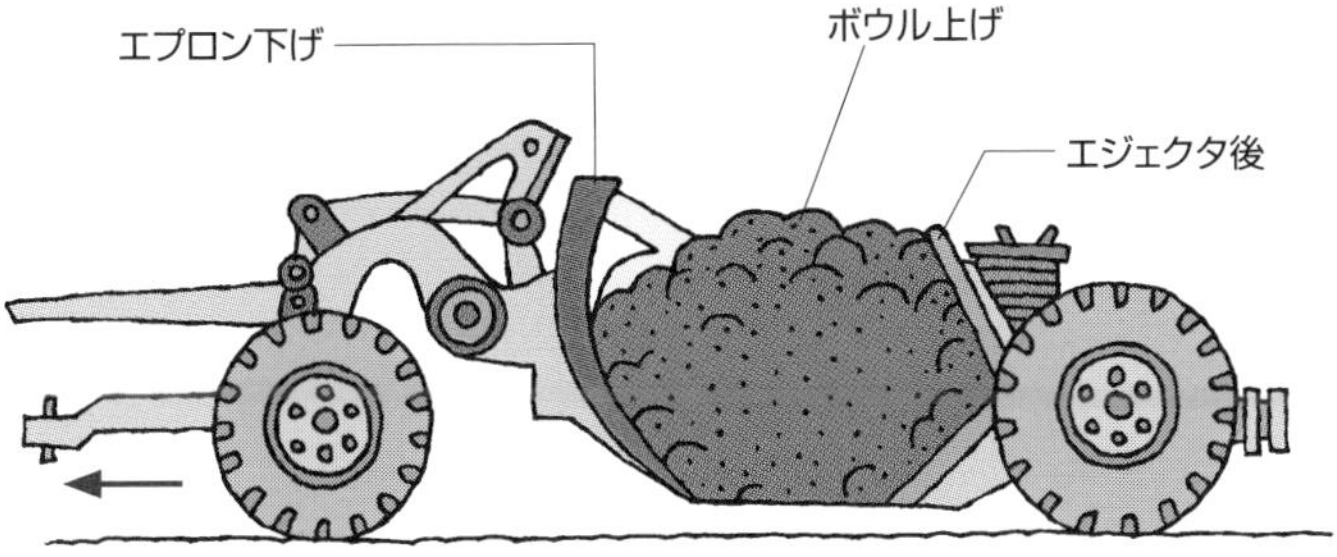

撒出し

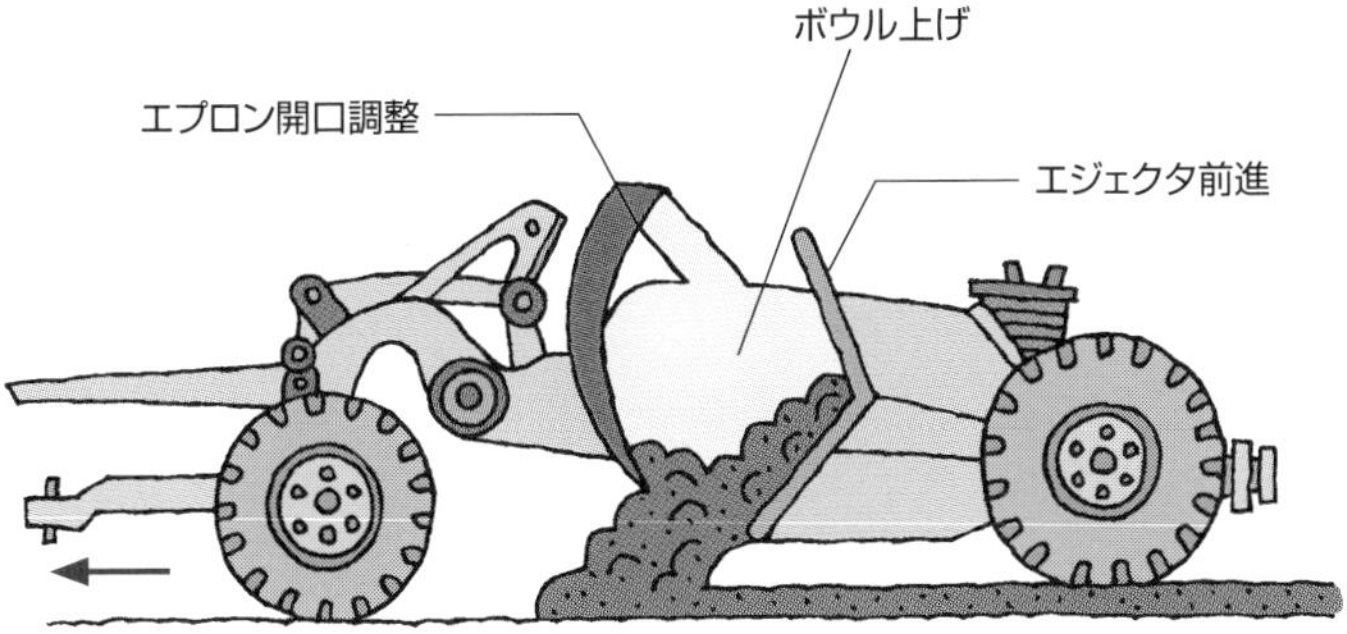

自走式スクレーパ

昇降式スクレーパ 623K

オープンボウルスクレーパ 627K

写真提供:キャタピラー

9 掘って積み込む！

油圧ショベルのしくみ

油圧ショベルは、土砂や岩の掘削や積込み、整地など多目的に使われる機械で、身近でよく見かける建設機械です。古くは、鋤《すき》、鍬《くわ》、ショベルなどの道具を使った牛馬・人力よる作業が機械化し、現在の油圧ショベルに進化しました。国産機第1号は、1961年に新三菱重工業（現、キャタピラー）がフランスのシカム社の技術導入によって開発したものです。その後は多くの建設機械メーカーで開発、販売が行われ、現在では日本の油圧ショベルは世界で活躍しています。

油圧ショベルのなかでも、作業する地盤より低いところを掘削し、ダンプトラックに積み込むといった作業に適してるのが、バックホウです。特に、バケットを機体側に引き寄せる方向で力を発揮してくれます。また、作業装置を除く機体質量が3トン未満をミニショベルと呼び、そのバケット容量は0・25m^3以下です。バックホウの構造は、フレームにクローラを取り付けた下部走行体、エンジンや操縦席などで構成される上部旋回体、作業装置となる各種のアタッチメントで構成されています。人の身体に譬えると、上腕部がブーム、前腕部がアーム、手にあたる部分がバケットにあたります。それぞれの関節部は、油圧シリンダーの伸縮で動作します。

側溝やヒューム管などを吊り下げるため、フックを取り付けたクレーン仕様のバックホウもあります。この場合、ブーム巻過防止装置、クレーンモード外部表示灯、水準器の装着など、必要とする規格が定められています。

「標準型」は、上部旋回体やアタッチメントがクローラよりもはみ出て張り出すタイプです。エンジン部やバケットが大きく、掘削能力は高いタイプです。また、狭い場所での移動や作業を容易にするコンパクトなタイプも開発されています。「後方小旋回型」や「超小旋回型」もあります。

要点BOX

- ●下部走行体、上部旋回体、アタッチメントの組合せ
- ●ブーム、アーム、バケットは油圧シリンダーで動作
- ●バックホウやミニショベルなどのバリエーション

油圧ショベルの各部名称

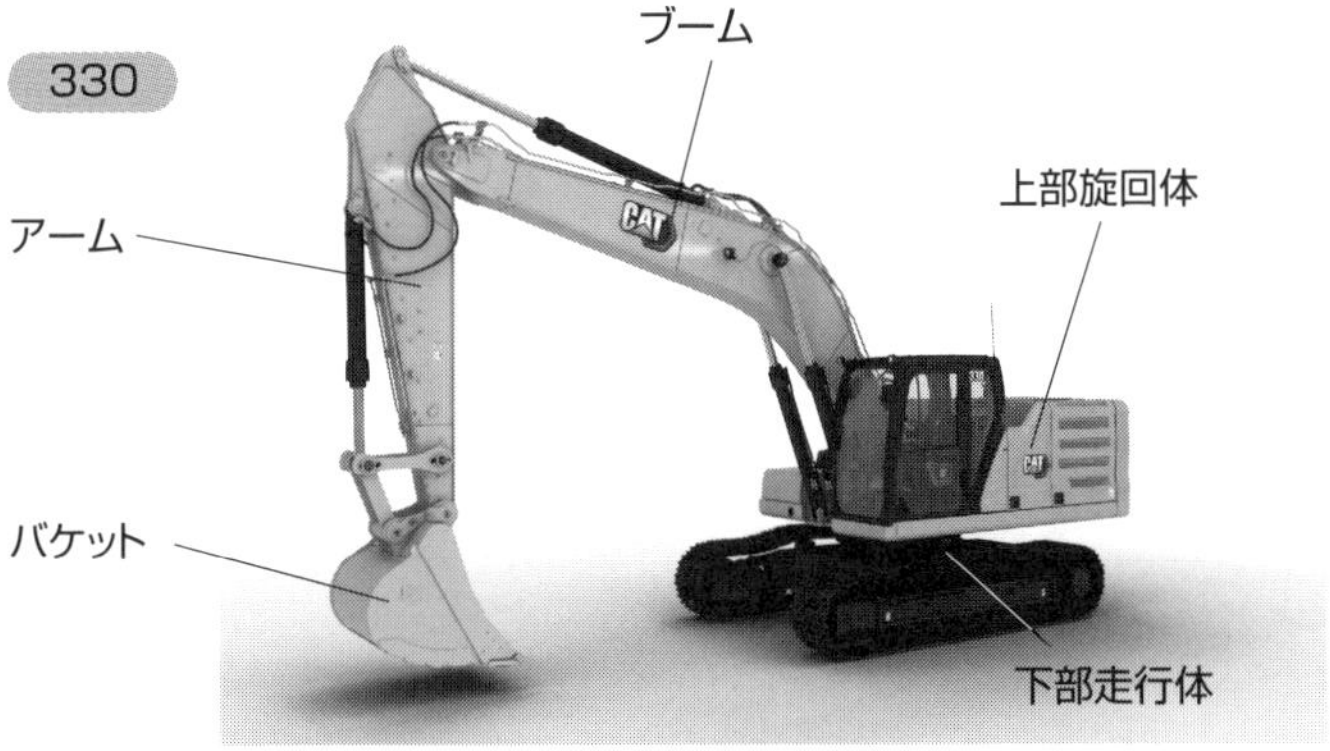

写真提供:キャタピラー

一般的に、バケット容量が$0.8m^3$未満を小型、0.8～$3.4m^3$を中型、$3.4m^3$以上を大型とし、さらに$0.25m^3$未満をミニショベルと呼んでいます。

バックホウのタイプ

HB205(LC)-3ハイブリッド $0.8m^3$

標準型

PC30MR-5 $0.09m^3$ 後方小旋回型

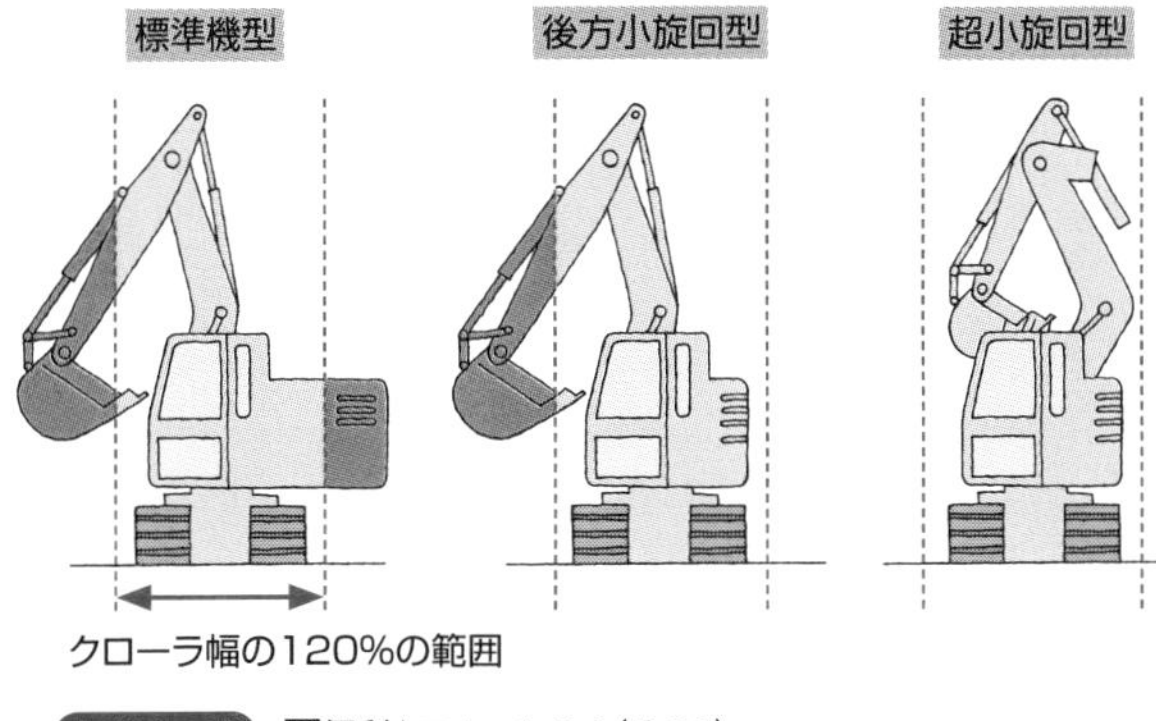

PC10UU-5 $0.025m^3$

超小旋回型

写真提供 コマツ

関連ページ 38便利なアタッチメント(その2)

10 すくい上げて積み込む！

カナダの銅採掘場で超大型油圧ショベルが活躍しています。PC8000（コマツ）は、総重量は750トン、全高10mを超える巨大な建設機械です。バケットで鉱石をすくい上げて巨大ダンプトラックに積み込むローディングショベルタイプです。一度に最大75トンも積み込むことのできるバケットには特徴があり、先端に6本の爪があります。これには、「モグラの指」から発想した、という説があります。モグラには5本の指ともう1本指のような鎌状骨が発達していて、地中を力強く掘り進んでいます。

もうひとつの世界最大級の超大型油圧ショベルEX8000（日立建機）の積み込みを見てみましょう。バケットの容量は40m³。積載質量300トンクラスのダンプトラックとの組み合わせを最適とするため、最大ダンプ高さ13.8mの能力があります。ローディングショベルでは、高くすくい上げた鉱石をダンプトラックに積み込むため、バケット底部をゲート状にして土砂の排出を容易にする構造が用いられています。

ローディングショベルのキャブは、大型ダンプトラックのベッセル（荷台）が見渡せるように、9mほどの高いアイレベルになっています。また前方に傾斜した前窓のタイプは、下方視界に有利です。

中・小型の油圧ショベルでは、バックホウ仕様とローディングショベル仕様に付け替えできる機種もあります。クローラの足元付近まで深い掘削のできるバックホウに対し、ローディングショベルは掘削は地表上もしくは浅い場所から上に持ち上げる能力が高いです。

フロント部の油圧シリンダにも違いがあります。ブームからアームの部分、アームからバケットの部分の2か所に油圧シリンダがありますが、バックホウでは上側に配置され、ローディングショベルでは下側に配置されています。押し出す力が有利という油圧シリンダの特性を応用しているからです。

要点BOX

- ●掘り下げるのが得意なバックホウ仕様
- ●すくい上げるのが得意なローディングショベル
- ●建物3階ぐらいの高いアイレベルのキャブ

世界最大級の大型油圧ショベル（ローディングショベル）

▼ローディングショベルPC8000

写真提供:コマツ

▼EX8000による積み込み作業

写真提供:日立建機

EX1900のバックホウ仕様とローディングショベル仕様

バックホウ仕様（12m^3）

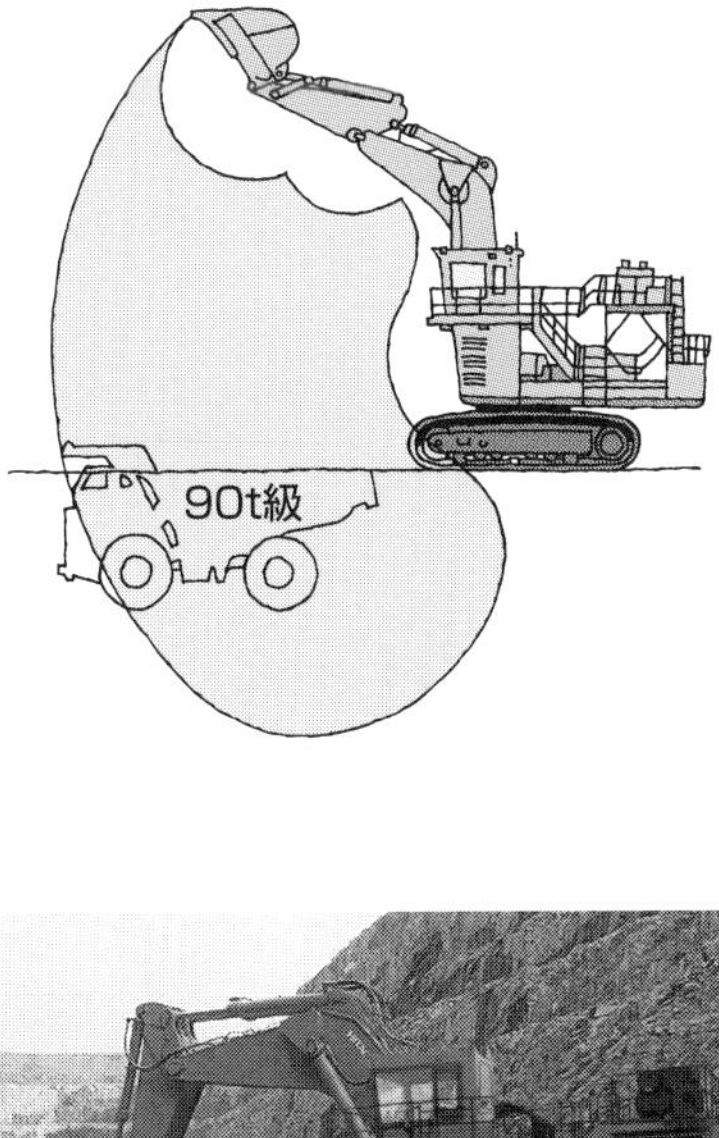

ローディングショベル仕様（11m^3）

写真・資料提供:日立建機

関連ページ 38便利なアタッチメント（その2）

11 すくって運ぶ！

ホイールローダのしくみ

ホイールローダは、ホイール（車輪）式で、土砂をすくい上げて運び、積込み（排土）を得意とする建設機械です。ホイール式の特徴を活かして、速く移動できる機動性が持ち味です。また、舗装路面を傷つけないことから、除雪機械としても用いられています。

車体の前部は、バケットなどのアタッチメントを備えた作業装置となっています。このため作業時には機体前部に荷重が載り重心がかかるので、エンジンや操縦席を機体後部に配置しています。さらに後部底面にカウンターウエイトで、作業時のバランスを確保しつつ重心位置を低くして安定性を向上させたり、燃料タンクを保護する役割を持たせた機種もあります。

ホイールローダでは、中央部にセンターピンを設けて、前部と後部を屈曲させられるアーティキュレート方式が用いられています。この構造により小回りがきくようになりますし、バケットを左右に首振りするような作業もできるので、対象物への接近が容易になります。

運転席は、2本の柱で支持された屋根を持つキャノピー仕様や、四方をガラスで囲まれたキャブ仕様です。キャノピー仕様の場合は、乗り降りが容易で視界も広く、キャビンの場合は、天候の影響を受けにくく快適性が確保されています。

ホイールローダは、ダンプトラックへの積込みも得意です。バケットを高く持ち上げて、ダンプの荷台に土砂を落とし込みます。この時、バケットの先端から本体の前面部までの水平距離をダンピングリーチ、バケット下部から地面までの高さをダンピングクリアランスと呼びます。ダンピングリーチが短いほど、ダンプトラックに近づいて排土を行う必要があり、ダンピングクリアランスが低いと、大きなダンプトラックへの積込みができません。

このように現場条件だけでなく、組み合わせるトラックに応じて機種を選びます。

要点BOX

- ●小回りがきき、すばやく移動できるホイール式
- ●車体を屈曲できるアーティキュレート構造
- ●運転席のキャノピー仕様とキャビン仕様

小回りのきくホイールローダ

ZW50 （キャノピー仕様）

大型カウンターウエイトで車体の重心が低くなるとともに、車体を保護し、安定性を向上しています。

写真提供:日立建機

視界良好なキャブ仕様

大型ホイールローダの装備

積込み作業風景

操縦席右手側に並ぶ
コントローラやスイッチの数々

写真提供:キャタピラー

操縦席は?…

988K

動力伝達系は?…

12 薄く削って敷きならす！

前方に長く伸びたフロントフレームが印象的な建設機械、モータグレーダ。地表面の切削や整地作業や材料の敷均し、除雪作業などで活躍しています。特徴は、前輪と後輪の間にブレード（土工板）を配置していることです。ブレードは、左右昇降と傾斜、サークル旋回や横送りなど、自在に動かすことができ、ブルドーザよりも高い精度での仕上げ作業に適しています。運転席でオペレータが着座または立ち姿勢での視界から、ブレードが見えやすいことも利点です。

モータグレーダは、1軸の前輪で操舵し、2軸の後輪で駆動しています。エンジンや運転席は後輪側のフレームに配置されます。運転席の下あたりにステアリングシリンダのあるアーティキュレート機構を備え、細長いフレームと前輪によるステアリングシステムを構成しています。ステアリングとアーティキュレート機構の併用で、小さな半径での旋回ができ、逆位相にすると車体前後をオフセットすることも可能です。道路際までの土砂すき取りや法面作業などにも対応できます。

前輪には、前後方向から見て左右斜めに傾斜できるリーニング機構も備えています。切削作業の際、ブレードは推進方向に対して45度～60度の傾きで推進するので、前輪には横滑り方向の力が作用します。それを打ち消して直進性を維持するために必要な機能です。前輪後部には、スカリファイアと呼ばれる多数の刃爪の付いた器具があり、地面のかきほぐしなどの掘削に用いられます。

モータグレーダの操作は、走行、ステアリング、作業装置を微調整することで高い施工品質と作業効率、生産性が維持できるので、高度な運転技術が必要ですが、近年では、ICTによる3Dマシンコントロールシステムが搭載され、オペレータの技量だけに頼らない、精度と信頼性がより高い機種もあります。

要点BOX

- ●アーティキュレート機構を持つ長いフロントが特徴
- ●前輪と後輪の間に土工などに用いるブレードを配置
- ●リーニング機構で直進性を確保

モータグレーダ

GD405-7

オペレータの視界は
とってもワイド!

▼操縦席からの眺め

写真提供:コマツ

▼グラウンド舗装材の敷均し作業

写真:筆者

▼サークル部の構造。
ブレードの微調整で道路際の掘削も可能

取材協力:長野県長野建設事務所、岩澤建設株式会社
撮影:筆者

13 削って混ぜる！深く混ぜる！

ロードスタビライザ、路面切削機、地盤改良機のしくみ

きれいに舗装された道路でも、徐々に舗装面は傷んできますので、路面の補修が必要になります。

老朽化した舗装をその場で破砕し、路盤材として再び活用する資源有効利用の技術が普及しています。そこで活躍するのがロードスタビライザです。この機械はホイール式で、舗装されている道路での路上路盤再生を効率良く作業するため、機体の中央部でたくさんの強力なビット（刃）の取り付けられたロータが回転し、路面を掻き削ります。さらに、破砕されたアスファルト層や路盤に、接着効果を高める乳剤などを混ぜて均一に混合しながら敷き均し、前進していきます。こうした一連の作業を1台で行うのです。

傷んだ舗装の表面を切削する建設機械もあります。路面切削機ＥＲ５５５Ｆです。車体中央部のカッタービットの付いたドラムが舗装表面を切削します。破砕物は、車体前面のベルトコンベアによって送り出し、ダンプトラックなどに積み込み、搬出します。その後、切削された部分を再舗装します。

安全で耐久性のある高品質な道路を作るためには、基礎となる地盤を強固にすることも大事です。軟弱な路床を安定処理する場合には、深い改良が必要となり、使用されるのがディープスタビライザです。ＨＣＳ５００は、散布したセメントや石灰などの固化材（安定化材）を、クローラ式のトラクタ後方に取り付けた強力なロータによって現地盤と撹拌し、混合深さ80㎝までの土質改良を行うことができます。

構造物の基礎のような、さらに深部で地盤改良する場合には、トレンチャ型撹拌機をアタッチメントにした油圧ショベルが用いられています。

トレンチャ式地盤改良専用機ＰＢＴ－１１００は、たくさんの撹拌翼が取り付けられた細長いベルト状の回転部が、最大13ｍの深度まで、軟弱土と改良材を効果的に混合します。

要点BOX

- 傷んだ舗装を路上路盤再生するロードスタビライザ
- 舗装表面を削り取る路面切削機
- 深い改良に用いる地盤改良機

路面切削機

←破砕物をトラックに積み込むための長いベルトコンベア

↓たくさんのカッタービットを取り付けたドラム。粉砕物をかき集め、ベルトコンベアで排出する役割もあります。

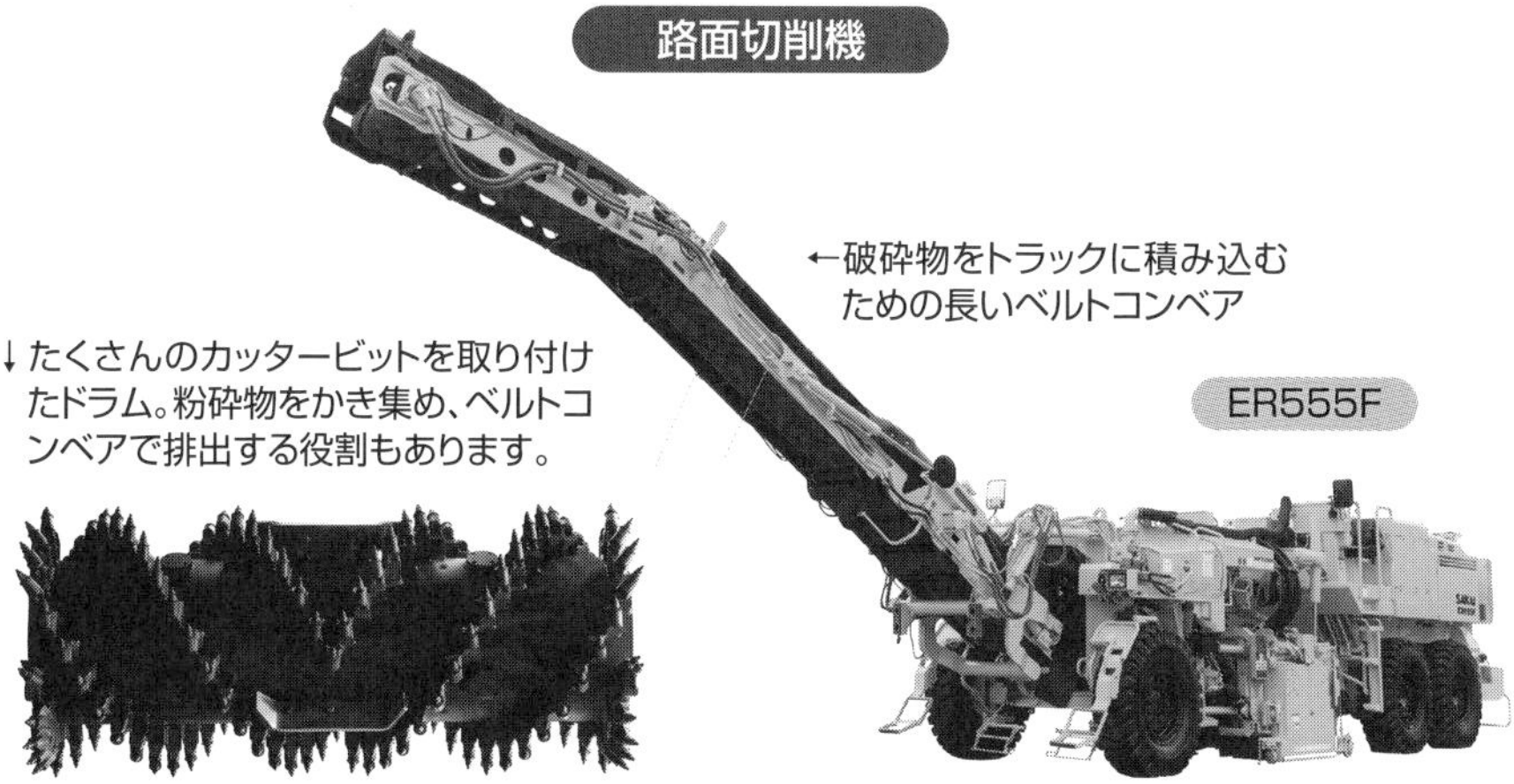

写真提供:酒井重工業株式会社

■路面切削機の作業風景

■ロードスタビライザの作業風景

取材協力:長野県長野建設事務所,岩澤建設株式会社
撮影:著者

クローラ式
ディープスタビライザ

写真提供:範多機械株式会社

トレンチャをアタッチメントにした
油圧ショベル

写真提供:株式会社加藤建設

14 しっかり締固める！

締固め機械の種類としくみ

舗装工事や造成工事で、土木材料を締固め、強度を高めるために使われるのが締固め機械です。

締固めの原理には、輪荷重による静的荷重効果、振動力によるゆすり効果、突く・たたくといった衝撃力の3パターンがあります。それぞれの原理を応用した締固め機械が用途に応じて活躍しています。また、ロードローラなどの「ローラ式」と、「平板式」の振動コンパクタやランマに分類することもできます。

ロードローラは、鉄輪ローラとも呼ばれ、3輪式のマカダムローラと2軸式のタンデムローラがあります。道路工事で多く用いられており、アスファルト混合物や路盤の締固め、路床の仕上げ転圧などで使われます。仕上げ面がきれいなので、表面仕上げに適していますが、走行速度が遅く、急坂を走行しにくいという面もあります。

タイヤローラは、空気入りのタイヤを複数装着した構造が特徴的です。ロードローラと同様に、アスファルト混合物や路盤、路床の締固めに使われます。タイヤの空気圧を変えることで接地圧の調整ができ、水や鉄などのバラストを積むことで輪荷重を増減することができます。ロードローラに比べると、走行速度が速く機動性が高いタイプです。

振動ローラは、自重による荷重に加えて、転圧輪を強制振動することによって自重の1～5倍の動荷重を発生させ、効果的な締固めを行う機械です。舗装用振動ローラは、両輪振動のタンデム型と、前輪のみを振動輪にして後輪を空気入りのゴムタイヤにするコンバインド型があります。

土工用振動ローラは、前輪を振動輪、後輪をタイヤにしています。また、前後輪を鉄輪として、そのドラム外周に台形状の突起を取り付けたタンピングローラもあります。突起に重量を集中させ、さらに土砂をこねる作用や衝撃・振動による作用で、効果的に土砂の重転圧を行います。

要点BOX

- ●マカダム型とタンデム型のロードローラ
- ●空気入りタイヤを多数装着したタイヤローラ
- ●締固めを効果的に行う振動・タンピングローラ

締固め機械の分類

- 締固め機械
  - 静的荷重（輪荷重）による締固め
    - ロードローラ
      - タンデムローラ
      - マカダムローラ
    - タイヤローラ
  - ゆすり効果（振動力）による締固め
    - 振動ローラ
    - 振動コンパクタ
  - 突く・たたく（衝撃力）による締固め
    - タンピングローラ
    - ランマ

ロードローラ

マカダムローラ(舗装用)

R2-4

タイヤローラ(舗装用)

TZ704

振動ローラ

振動タンデムローラ(舗装用)

SW654

振動ローラ(土工用)

SV514

■タンピングローラ

タンピングローラ(土工用)

SV204T

■小型締固め機械

ハンドガイド式振動ローラ

HV620

振動コンパクタ

PC63

ランマ

RS45

写真提供:酒井重工業株式会社

関連ページ 【第5章コラム】建設機械を組み合わせる

15 吊り上げて動かす！

移動式クレーンの種類としくみ

市街地の工事現場では、高くそびえるクレーンがひときわ目につきます。まずは、移動式クレーンの下部走行体、つまり足回りに注目してみましょう。

走行装置による種類としては、タイヤによって移動するホイール式と、クローラ式があります。また、トラックにクレーンを取り付けたタイプもあります。

ホイール式のいちばんの利点は、機動力です。舗装路面を走行することができるので、公道を使って保管場所から現場、現場から現場へと移動し、すばやく作業に取り掛かれるメリットがあります。この際、最高速度の制限や、通行許可、分解輸送、誘導車などが必要な場合もあります。

ホイールクレーンにもいくつかのタイプがあります。ラフテレーンクレーンは、ラフ（＝荒れた）テレーン（＝地形）に対応し、四輪駆動の悪路走破性に優れたタイプが一般的です。２軸４輪の機種が多く、運転とクレーン操作を同じ運転席で行います。

オールテレーンクレーンは、オール（＝すべての）テレーン（＝地形）という意味を持つタイプで、全輪駆動・全輪ステアリングで機動力があります。オールテレーンクレーンは多軸多輪で重いものに対応でき、運転席とクレーン操縦席が別々という特徴があります。

クローラ式は、ホイール式のような速度は出ません。しかし、クローラは地面に接地する面積が大きいので接地圧が低く、荷重分散が均一になるので、不整地での作業や、重い物を持ち上げる作業に適しています。

クローラクレーンは、ディーゼルエンジンで駆動される油圧ポンプで発生した油圧が、ロープの巻取りのほか、旋回や走行など各作業装置の油圧モータに伝達されます。この技術は１９７０年代に日本で開発され、普及しています。大きなクローラクレーンはラチス（格子型）ブームになっています。このほか、ブームが伸縮できるテレスコブームの機種もあります。

要点BOX

- ●機動力があり公道も走行できるホイールクレーン
- ●ラフテレーンクレーン、オールテレーンクレーンの2種
- ●クローラクレーンは不整地や重量物に向く

クレーン車の種類

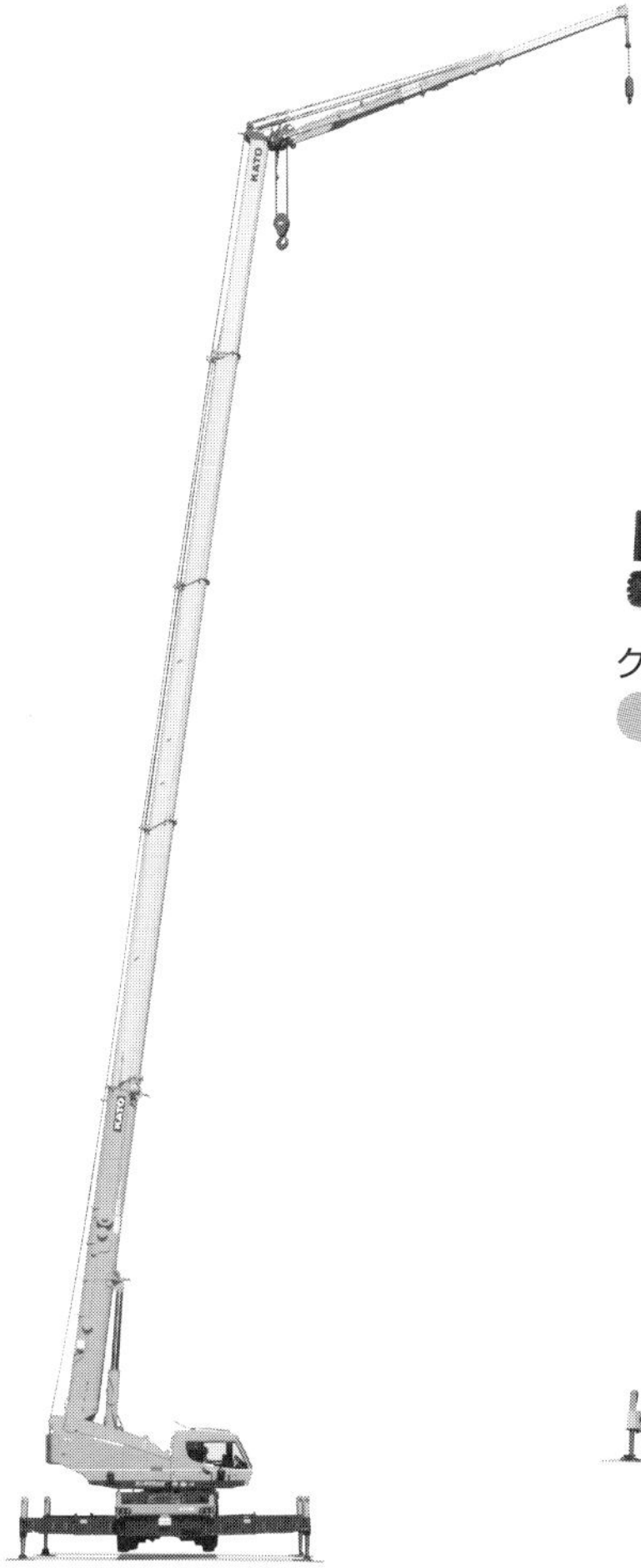

クローラテレスコ
CCH500T-6

クローラクレーン
CCH900-6

オールテレーンクレーン
KA-1100R

ラフテレーンクレーン
SL-500RfII

写真提供:株式会社加藤製作所

関連ページ 25滑車を使う！ 56ジブクライミングクレーン、クローラクレーン

16 離れたところに運ぶ！

ダンプトラック、不整地運搬車のしくみ

工事現場では、土砂や資材を運搬するトラックたちが活躍しています。そのなかでも、モノを一気に放出することを意味する英単語のdump（ダンプ）を語源にして、荷台を持ち上げて積み荷をどさっと下すものをダンプトラックと呼んでいます。

ダンプトラックには、公道を走ることもできる「オンザロード」の普通ダンプトラックと、公道の走行を行わない「オフザロード」の重ダンプトラックがあります。

身近でよく見かける普通ダンプトラックは、トラックのシャシに荷台と荷台を傾斜させる装置と、それを駆動する油圧装置を備えています。公道を走行でき、土砂や砂利、砕石、合材などの運搬に広く用いられます。最大積載量3・0t未満を小型ダンプ車、6・5t未満を中型ダンプ車、6・5t以上を大型ダンプと区分しています。最大積載量9～11tのものは、10トンダンプとも呼ばれています。

重ダンプトラックは、工事現場の過酷な条件で大量の土砂や岩石などを運びます。固定フレーム式のリジッドダンプトラックと、屈曲フレームで全輪駆動ができるアーティキュレートダンプトラックがあります。

ダンプトラックが入れないような不整地、軟弱地では不整地運搬車が活躍します。不整地運搬車は、クローラ式（クローラキャリア）とホイール式の2タイプの走行方式があります。また、クローラには鉄クローラとゴムクローラがあります。小型の機種では、路面を傷めずに乗り心地もよいゴムクローラが主流です。

最大積載量3700kgのIC37（加藤製作所）は、走行レバーが1本のジョイスティックになっていて、片手でも繊細な走行操作ができる特長があります。

クローラダンパーTCR50（竹内製作所）は、荷台を180°旋回可能で任意の方向にダンプでき、車体の方向転換頻度を減らすことで、作業効率を向上しています。

要点BOX

- ●公道を走る土砂ダンプトラック
- ●大きな工事や鉱山などで大量の土砂を運ぶ重ダンプ
- ●走行装置がクローラの不整地運搬車

ダンプトラック

写真提供:極東開発工業株式会社

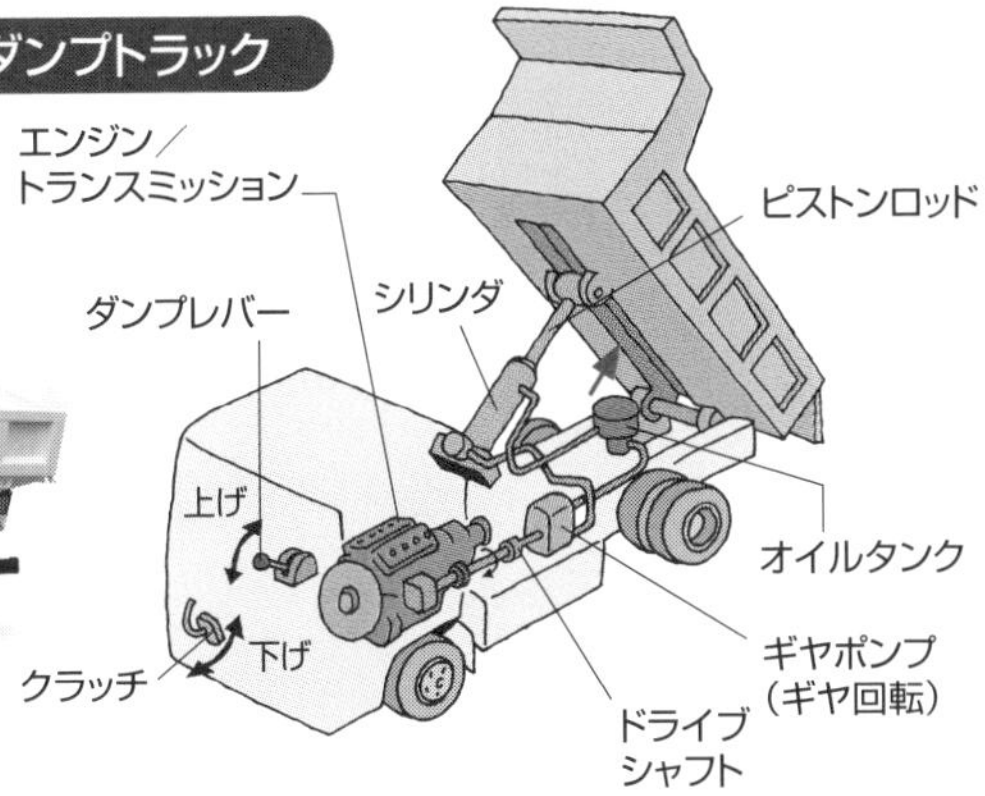

鉱山などで活躍するオフハイウェイトラック

PC8000による960E（最大積載量369トン）への積込み作業

写真提供:コマツ

798AC（最大積載量410トン）

写真提供:キャタピラー

不整地運搬車

IC37

写真提供:株式会社加藤製作所

クローラダンパーTCR50

写真提供:株式会社竹内製作所

関連ページ 34回転性能を高める（アーティキュレート）

17 流し込む！

コンクリートポンプ車のしくみ

建築工事の現場では、ブーム式のコンクリートポンプ車を見かけることがあります。マンションなどの高い建物や広い範囲にコンクリートを打設するような場合には、配送管を取り付けたブームが役立っています。PY165-39は、最大地上高39m、水平方向に広げると35m程度まで展開できる5段屈折ブーム長を持つ国内最大級のマシンです。

コンクリートポンプ車には、生コンクリート（生コン）を配管やホースを通じて打設する場所まで圧送するポンプが備えられています。コンクリートポンプには、ピストン式とスクイーズ式があります。

ピストン式（押し出し式）のしくみは、水鉄砲を想像するとイメージしやすいです。コンクリートピストンが後退すると、ホッパ内の生コンはシリンダ内に吸い込まれます。シリンダ内に充填された生コンは、ピストンが前進することで押し出され、圧送することができます。このようなコンクリートピストンが二本並列に置かれ、交互に押し引きを繰り返す構造になっています。ピストン式のコンクリートポンプでは、生コンの吸入と圧送の工程を切り替えるのに、スイングバルブ機構が用いられます。

スクイーズ式（絞り出し式）のしくみは、歯磨きのチューブを想像するとイメージしやすいです。円筒ドラムの内周にポンピングチューブをセットし、そのチューブの中にホッパから送り出された生コンを、回転するローラで絞り出して、圧送することができます。スクイーズ式のコンクリートポンプでは、生コンの圧送開始時と圧送停止時に、ロータの回転する制御する必要があり、このためにロータ回転制御機構が用いられています。

東京都庁新庁舎（1991年竣工）の工事では地上243m、横浜ランドマークタワー（1993年竣工）はさらに高い地上296mまでコンクリートを圧送した記録があります。

要点BOX

- ●ブームに取り付けた配管で生コンを圧送
- ●ピストンで吸入と押し出すしくみのピストン式
- ●チューブを絞り出すしくみのスクイーズ式

コンクリートポンプ車

PY165-39

ピストン式コンクリートポンプ車

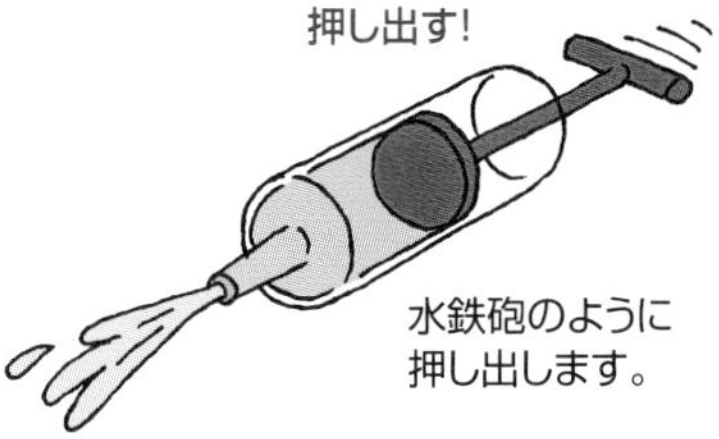

水鉄砲のように
押し出します。

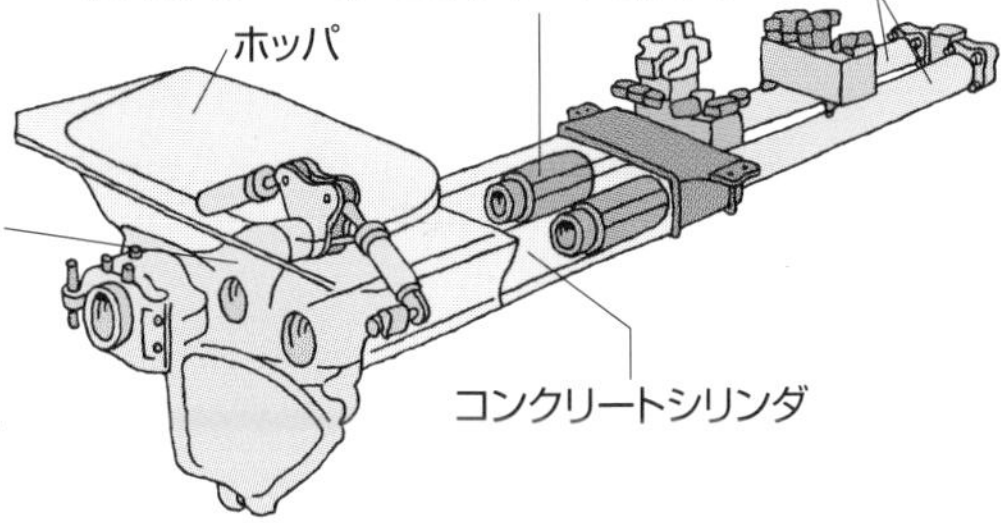

PH45A-15

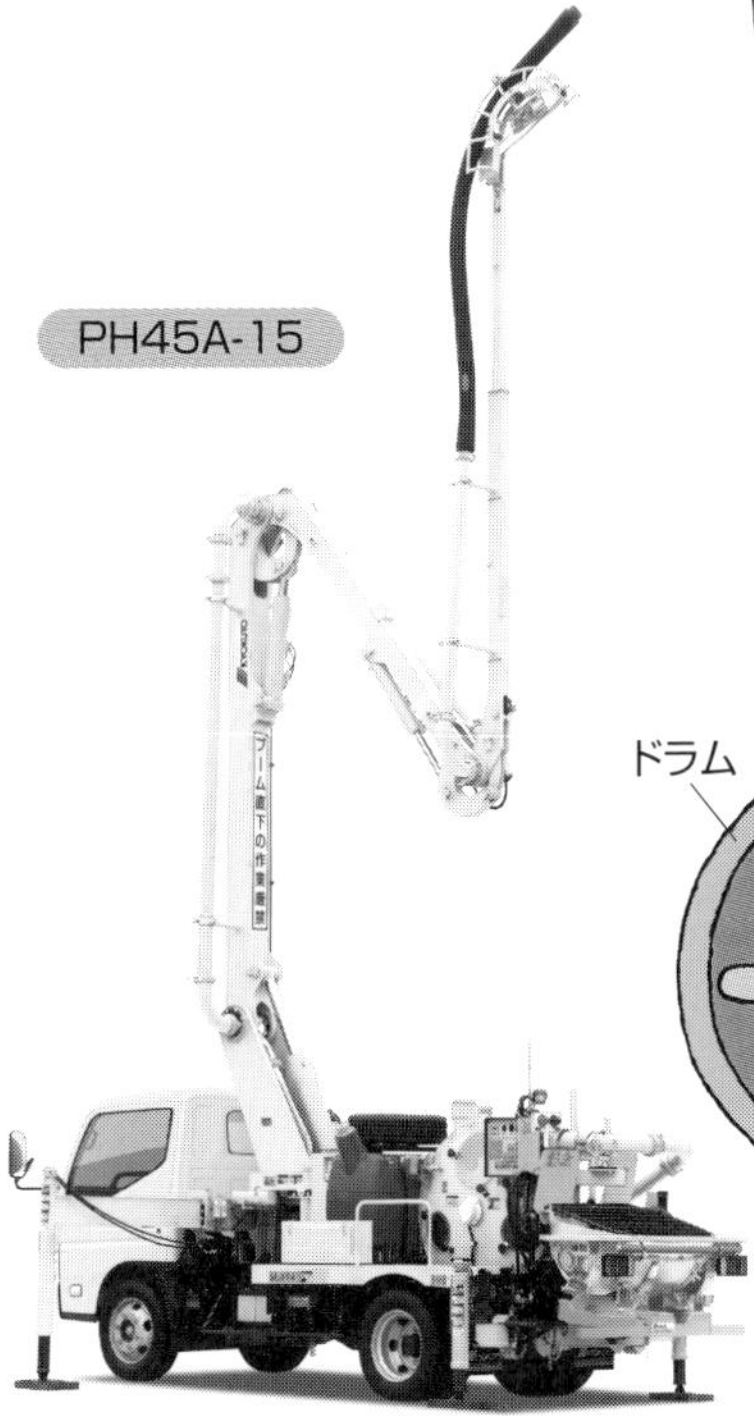

チューブ歯磨きと
同じ原理です。

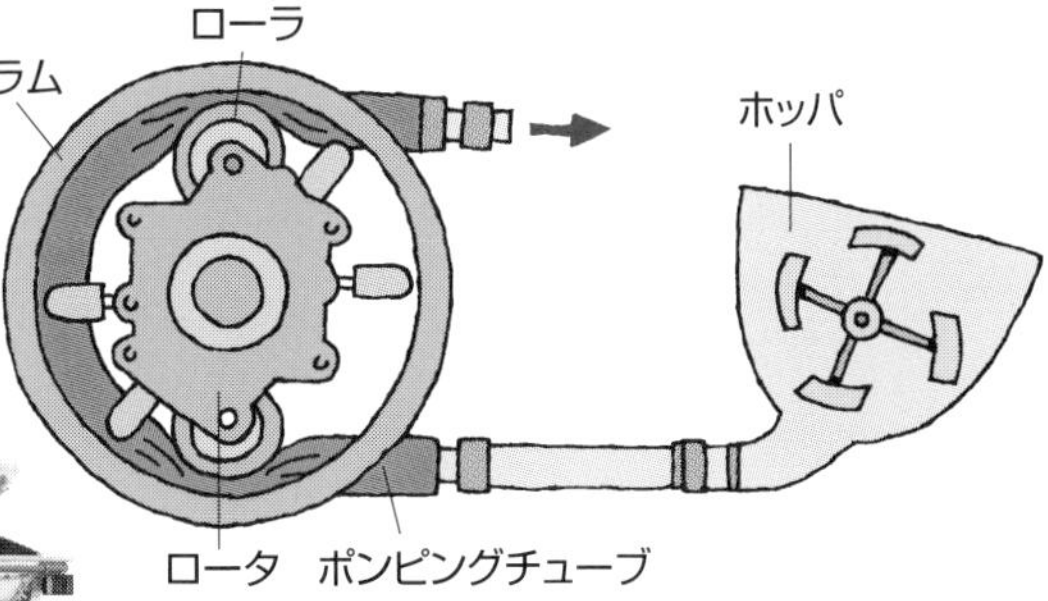

スクイーズ式コンクリートポンプ車

写真提供:極東開発工業株式会社

18 混ぜる!

トラックミキサのしくみ

生コンクリート（生コン）をかき混ぜながら運搬する建設機械がトラックミキサ（コンクリートミキサ車）です。

トラックミキサでいちばん目をひくのは、運搬する間もゆっくり回転している大きなドラムです。

ドラムの内部構造を見てみましょう。内部には、らせん状の羽根であるブレード（ミキシングフレーム）が取り付けられていて、ドラムの回転により、生コンの材料であるセメント、水、砂、砂利が分離しないように、撹拌できるしくみになっています。工場で練り上げた生コンは、時間の経過や運搬する車の振動によって、比重の重い材料が下に沈み、水のように比重の軽い材料は上に浮き上がってしまいます。この状態が分離です。分離しないようにしっかり混ぜ、練り上げることが品質の維持に欠かせないのです。

ドラムの上部にはホッパが上向きに口を開けています。生コン製造プラント（バッチャプラント）で、このホッパから生コンを流し込みます。車体の後部からみて、生コンを積むときは左方向に回転（正転）して撹拌、下ろすときは逆方向に回転させ排出します。ドラムは、回転制御された油圧モータによって、回転速度、つまり撹拌スピードを一定に保つことができます。1分間に1～2回転程度のゆっくりとした回転です。

生コンの品質を維持するために撹拌しながら必要とする現場に届けるミキサは、アジテータと呼ばれています。これに対し、計量された各種の材料をドラム内で練り混ぜて生コンを作って、撹拌しながら運搬するタイプをウェット式ミキサと呼んでいます。しかし、どちらもほぼ同一の構造となっています。

ホッパの下にシュートが見えます。現場に到着してから、コンクリート打設の作業が始まると、この部分から運んできた生コンを流し出します。

運転席の後部には、水タンクが備えられています。荷下ろしが終わったら、ドラムやホッパ、シュートを洗浄するため、水を貯蔵しておく必要があるのです。

要点BOX

- ●ゆっくり回転する大きなドラムのトラックミキサ
- ●生コンの品質を低下させない回転ドラム
- ●ドラム内部で撹拌する役割を担うブレード

コンクリートミキサ車

写真提供:極東開発工業株式会社

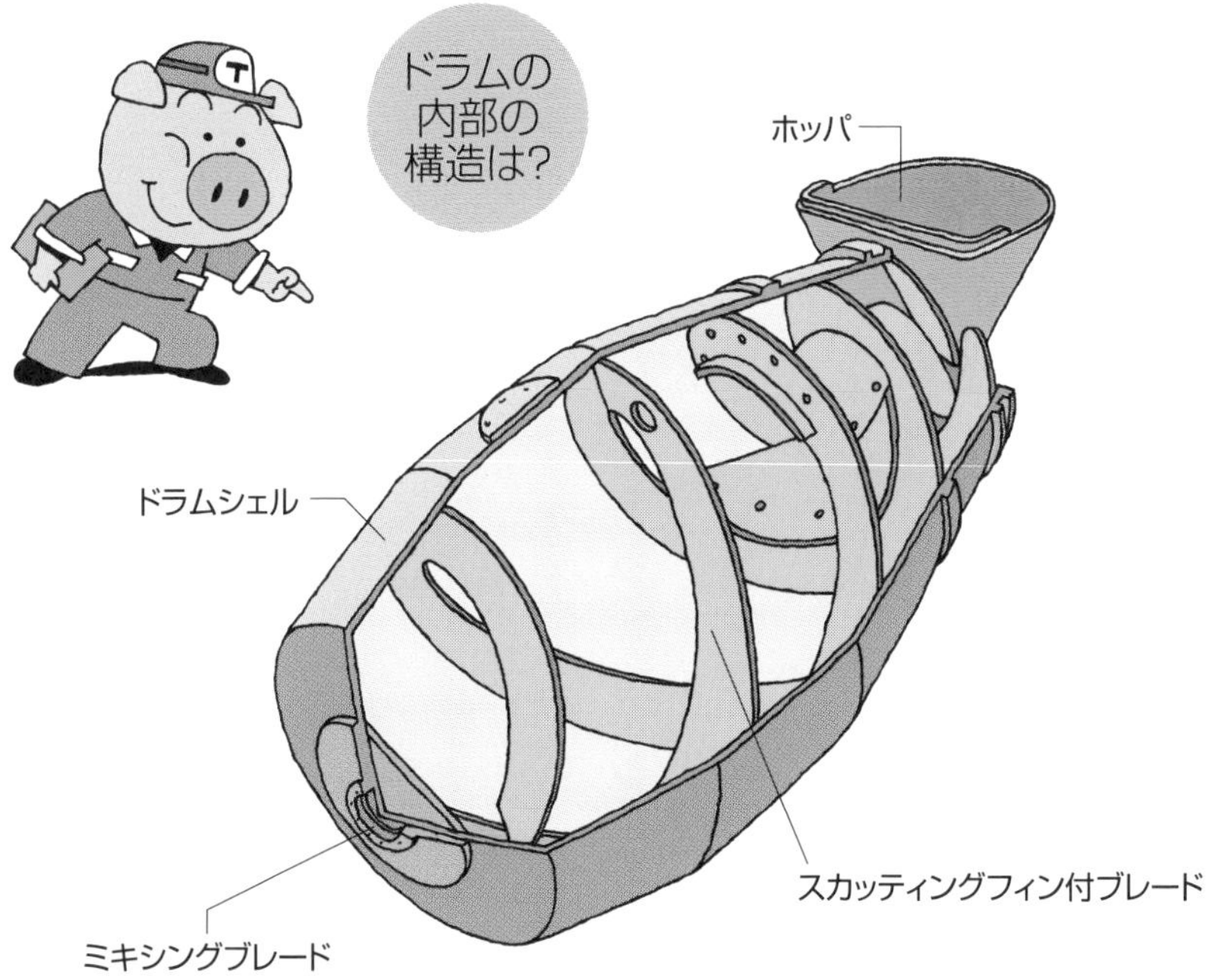

関連ページ 28アルキメデスのらせんの応用

19 打ち込む！掘り下げる！

油圧パイルハンマ・ハンマグラブのしくみ

「カーン、カーン、カーン」と大きな音で杭を打ち込む建設機械のイメージを持っている人も多いことでしょう。かつては、近くの工事現場でもよく見かけたパイルハンマです。昭和35年頃から経済的で機動性のあるディーゼルパイルハンマが普及しました。昭和54年に油圧パイルハンマが国産化され、改良が進められました。現在では、低騒音・低振動型の杭打機、杭抜き機が一般的になっています。

　このような杭は、何のために用いられるのでしょうか？軟弱な地盤に構造物を施工する場合、支持力を得るために杭が用いられるのです。杭による基礎工法には、既製杭工法と現場打ち杭工法があります。既製の杭を打撃によって打ち込むために、油圧パイルハンマが用いられます。このほか、アースオーガを用いて穴を掘りながら杭を沈めていく工法もあります。

　場所打ち杭工法は、現場で掘削した穴の中に鉄筋かごを挿入し、コンクリートを流し込んで、その場で杭を作る方法です。場所打ち杭工法の一つにオールケーシング工法があります。オールケーシング工法で活躍するのは、全周回転掘削機とハンマグラブです。

　全周回転掘削機でケーシングと呼ばれる鋼管をつかんで、回転させながら地中に押し込んでいきます。ケーシングにはカッタービットが取り付けられていて、地盤を削りながら下げます。ケーシングを360°回転させ続けるため、全周回転機そのものが動かないようにカウンタウエイトが取り付けられています。

　中にたまった土を取り除くのは、クレーンから吊り下げられたハンマグラブの役割です。ハンマグラブは先端がとがっているので、落下させることで穴の中の岩などの障害物を砕きます。さらに、ハンマグラブの先端を開き、土をつかんで引き上げることができます。

　このような工法によって、低騒音・低振動で効率的に現場打ち杭が完成します。

要点BOX

- ●杭を打撃で打ち込むための油圧パイルハンマ
- ●ケーシングを回転させ押し込む全周回転掘削機
- ●ケーシング内の土砂を排出するハンマグラブ

油圧パイルハンマ

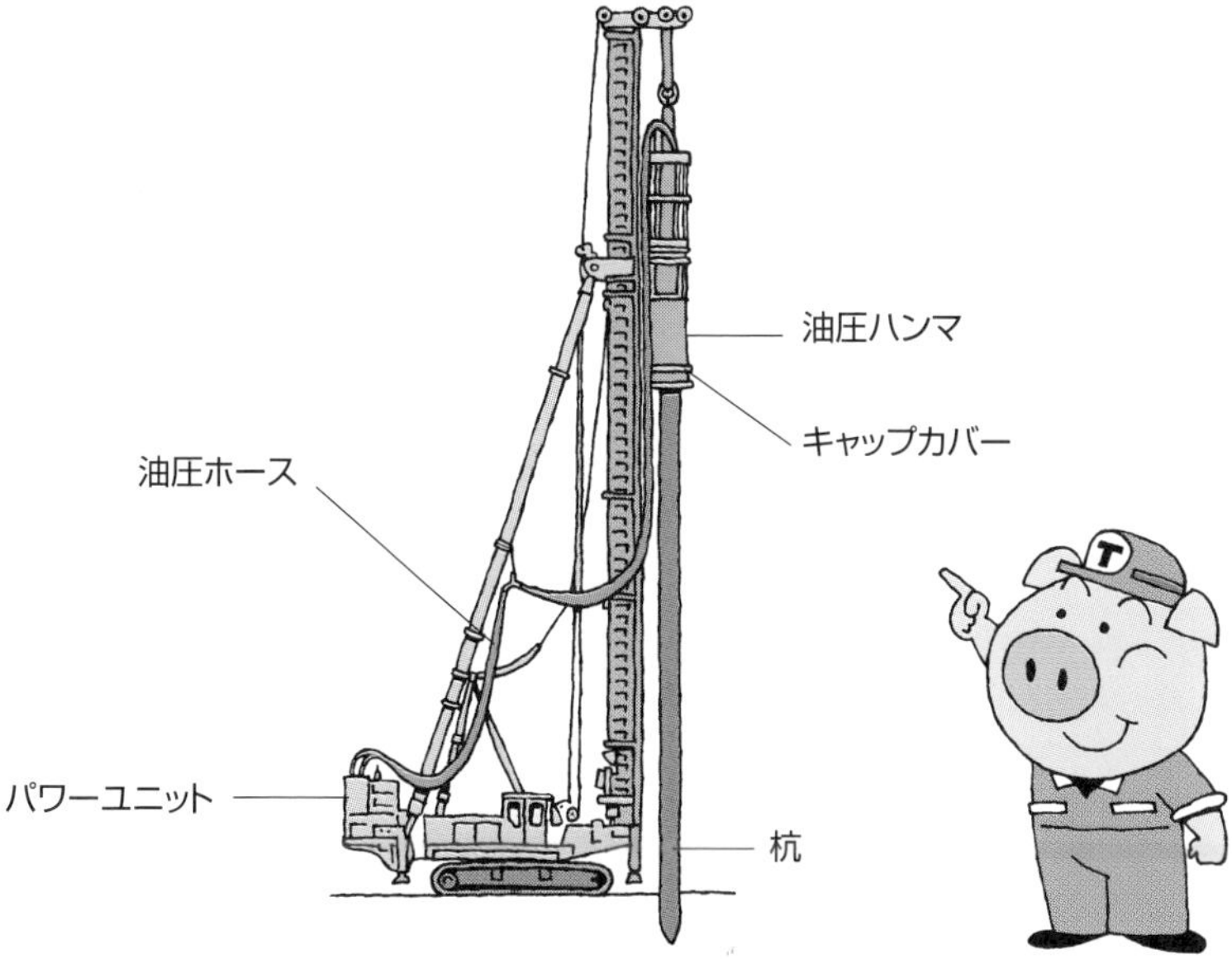

ハンマグラブ

ケーシング内から土をつかみ上げるハンマグラブ

排土するハンマグラブ

取材協力:長野県佐久建設事務所、
株式会社小宮山土木
撮影:筆者

関連ページ
49つかんで掘り上げる!深い穴を掘るマシン(油圧式クラムシェル)
53土砂をすくい集めるマシン!(ドラグライン、クラムシェル)

20 切る!刈る!

ハーベスタヘッド、草刈り機のしくみ

立木の伐倒、枝払い、玉切りをして、できた材の集積作業を1台でこなすのが高性能林業機械・ハーベスタです。油圧ショベルのアームの先端がハーベスタヘッドになっています。

ハーベスタヘッドの動きを観察してみましょう。伐倒作業では、立木を根元でつかんで、アタッチメントに内蔵されたチェーンソーで伐倒します。伐採された材は、油圧ショベルで安全に横に倒します。幹を左右からつかむ突起のついた鉄輪の可動ローラは、送材機構です。このローラを駆動することで幹が送り出されます。ローラの横には、開閉できる枝払いナイフ機構が備えられています。幹を抱え込むように左右の枝払い刃を閉じておくと、送り出しと同時に枝払いができるしくみです。

また、あらかじめ設定した長さの分だけ送り出すことができる材径材長計測装置により、枝払いをしながら、所定の長さに達したら送り出しが停止します。そこでチェーンソー機構を作動させると、材径センサで計測された材の直径に応じてチェーンソーで材が切断される構造です。これを繰り返すことで、同じ長さに揃った玉切り作業が効率良く行えます。

ところ変わって河川の堤防です。繁茂した草をラジコン操作でどんどん刈り取っていく機械がありました。河川の堤防は急傾斜なので、このように安全に作業できる遠隔操縦式草刈機が活躍しているのです。

草を刈る構造は、肩掛式草刈機や芝刈機とは違った、ハンマナイフと呼ばれる方式です。ハンマナイフは、円筒形の軸に、「く」の字型プレートを左右反対にしてたくさんぶらさげたものです。軸の高速回転によって「Y」型になったプレートに遠心力が発生し、雑草を叩くように切断してきます。

道路添いの草刈りには、小型除雪機のフロントを草刈り装置にした機械があります。冬用の機械は、アタッチメント交換することで夏にも活躍できるのです。

要点BOX

- ●立木の伐倒、枝払い、玉切りを1台でこなすハーベスタ
- ●遠隔操縦式草刈機で用いられるハンマナイフ

ハーベスタヘッドのしくみ

写真:筆者

チェーンソーで切断中

遠隔操縦式草刈り機のしくみ

▶ラジコン操縦される草刈機

撮影:筆者

Y字型をしたハンマナイフ

▼草刈り装置を取り付けた小型除雪機

写真提供:株式会社NICHIJO

関連ページ 52林業の現場で活躍するマシン!

21 オーガの回転力で雪を集めて飛ばす！

ロータリ除雪機のしくみ

道路に積もった雪や氷を除去したり、路面の凍結を防止するなど、除雪機械は冬期の安全な交通確保に欠くことのできない存在です。幹線道路の拠点にある除雪ステーションには、さまざまな除雪機械が集まっていました。中でも目立つのは、ロータリ除雪車です。このマシンは、走行しながら積雪を掻き込んで遠くに投雪する機能を持っています。歩道や住宅、事業所などで用いられる小型機から、高速道路などで用いる大型機まで、多くの種類が製造されています。

ロータリ除雪車の一番の特徴は、前面に取り付けられた大型のリボンスクリュー型のオーガです。除雪機専門メーカーとして知られる株式会社NICHIJOでは、徹底した実験と改良を重ねて、掻き込み効率を発揮する角度となるような構造を実現し、さらに放置されたタイヤチェーンなどの異物の噛み込みを防止する安全装置を組み込んでいます。

オーガは回転しながら雪の塊を巻き込み、小さくします。オーガの奥には、スクリュー型のブロワがあって雪を吸込み、そのままシュートから噴き出すしくみになっています。

シュートは、除雪条件に応じて、オペレータの操作で噴き出し口の旋回や吹き出し方向の角度を変更したり、伸縮することができます。

高速道路などで活躍する大型機は、除雪幅2・6m、除雪高1・75mで、最大の投雪距離は45mに達します。最大級のマシンは、802PS（馬力）という強力なエンジンを搭載し、空港の除雪で使われています。

ロータリ除雪車以外にも特徴的な除雪機械があります。6輪仕様の細長いフォルムでその機体のほぼ中央に排雪に役立つブレードを装着した除雪グレーダや、車輪式トラクタショベルに除雪用プラウを装着した除雪ドーザなど、どれも道路工事の現場などで見る一般的なタイプをベースにした特殊仕様なのです。

要点BOX

- ●リボンスクリュー型のオーガが特徴的なロータリ除雪車
- ●雪を掻き込むオーガを持つ雪を吹き飛ばすブロワ
- ●除雪仕様のグレーダやトラクタショベルも活躍

ロータリ除雪機のしくみ

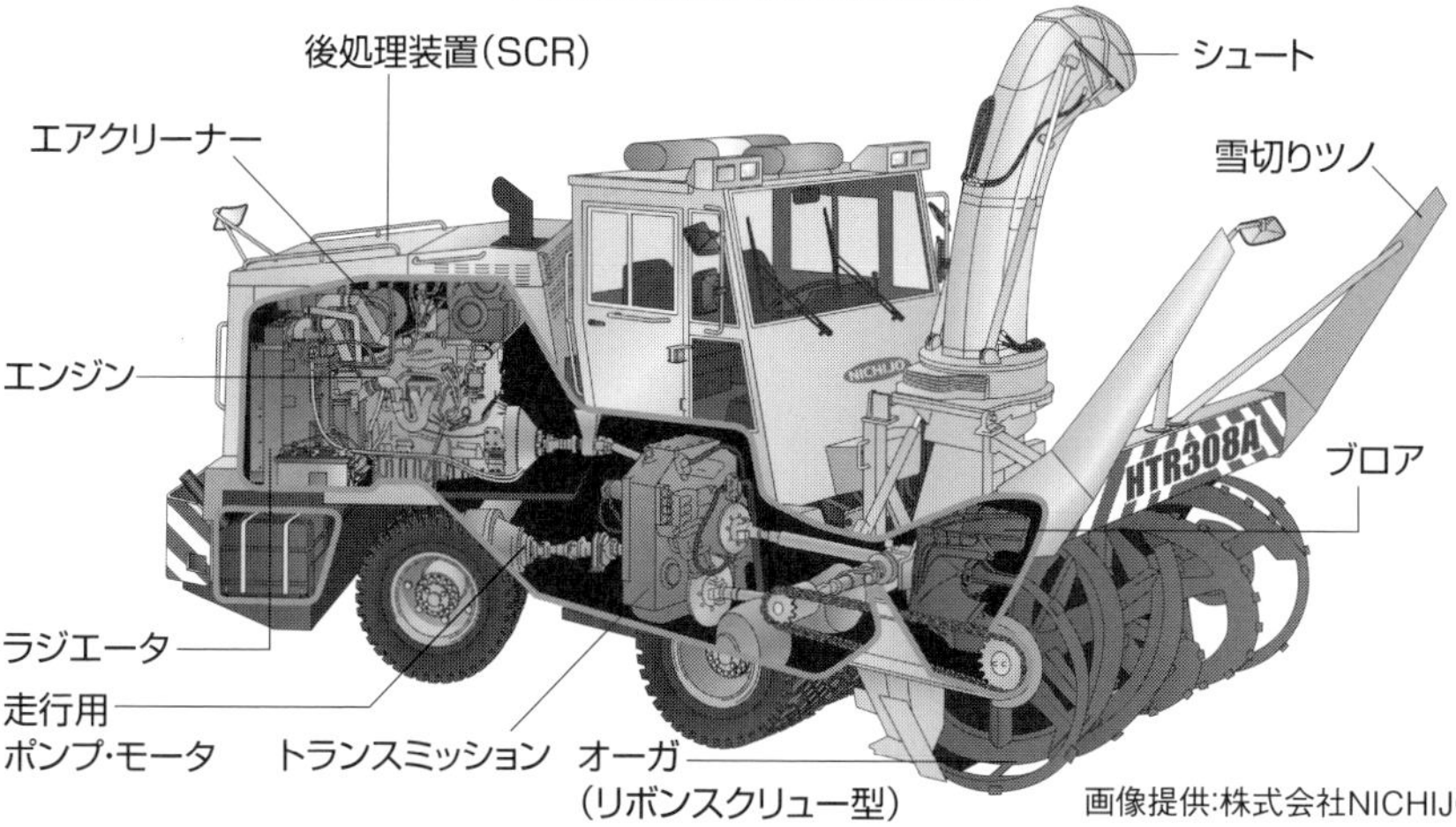

画像提供:株式会社NICHIJO

◀除雪ステーションにある除雪機械の数々

▼ロータリ除雪機の作業風景

写真提供:NEXCO中日本

取材協力:長野県大町建設事務所
撮影:筆者

関連ページ 59除雪の現場(除雪トラックとスノープラウ、ロータリ除雪車)

Column

安全や環境に貢献するマシン！

LED素子は1日10時間、年間200日使っても約20年もの使用が可能！

LB080D

写真提供：ヤンマー建機

強力な破砕によって岩石をリサイクルするガラパゴス

BR580JG　写真提供：コマツ

GNSSによる自動操縦装置を備えた自動運転植林機

D61EM-23M0

写真提供：コマツ

安全な現場や、環境に配慮した建設工事に貢献する、縁の下の力持ちのような建設機械があります。

道路工事は、交通量の多い日中を避けて、夜間に作業を行うことが少なくありません。暗い時間帯の作業には多くの危険があります。

そんなとき、明るく現場を照らしてくれるのが、投光機です。現在は、LEDを使った省エネタイプも登場しています。

工事では、コンクリートや大きな石などが発生する場合があります。そんなとき、その場で粉々に砕いて小さくし、再利用しやすくする機械があります。その名もガラパゴス！全長12・5m、高さ3・2mのマシンです。

ホッパに投入された原料は、強力な破砕力をもつジョークラッシャで砕かれた後、ベルトコンベアで排出されリサイクルされます。

建設機械の技術は農業、林業分野でも活用されています。

ICT（情報通信技術）を搭載した自動運転植林機が実用化されています。この機械は、1時間あたり900本、3～3・5mの植栽間隔で3列の自動植林できる能力を持っています。

地球温暖化防止に貢献するこのような技術開発は、これからますます期待されることでしょう。

第3章

建設機械に応用される原理

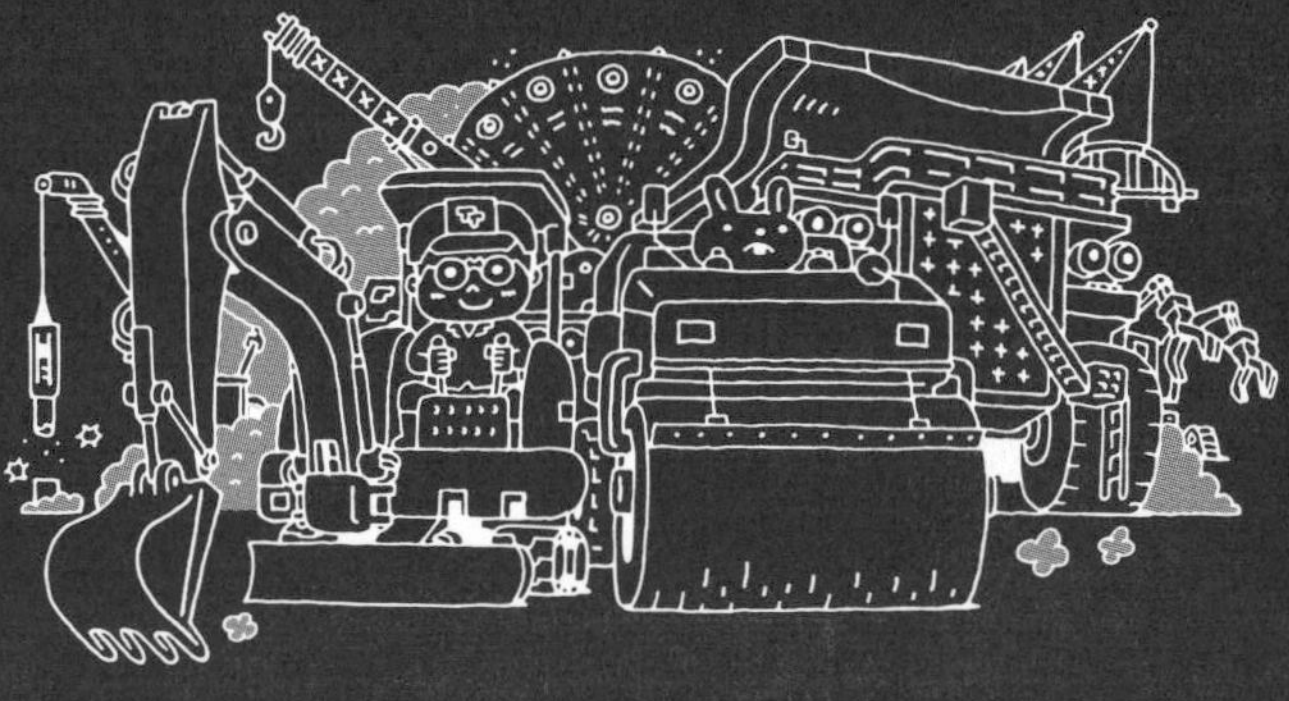

22 油圧を使う！強い力を生み出すための工夫

パスカルの原理を応用した油圧

建設機械の持っている強力な力のヒミツは油圧です。

油圧は、「パスカルの原理」を応用しています。密閉した容器の中の液体に一定の力を加えたとき、容器の各面に垂直となる方向で圧力が発生する原理です。さらに、その圧力は離れた場所に伝えることができます。

パスカルの原理で用いられる液体を油（作動油）にしたものが油圧です。油を使うメリットは何でしょう？水鉄砲や噴水のように水でもよいはずです。しかし、水は0℃で凝固して氷になってしまいますし、100℃を超えると沸騰して蒸発してしまいます。このため、建設機械のような過酷な環境で大きな仕事をする場合には水では無理があるのです。また、油には粘性があるので密閉空間に閉じ込めやすく、金属の腐食を防ぐことや潤滑油の役割も果たしてくれます。

油圧システムの心臓部となる油圧ポンプは、エンジンの力で動かされています。そこにタンクからの作動油を吸込み、圧力がかかった状態で吐出します。油圧ポンプの構造には、ギヤポンプと斜板式ピストンポンプがあります。

2個の歯車がかみ合っている構造のギヤポンプは、吸入口から回転する歯車に入った油が、ギヤケース内周に沿って運ばれ、歯車のかみ合いによって吐出口に押し出されます。

斜板式ピストンポンプでは、エンジンにつながった入力軸が回転すると、これに結合されたシリンダブロックが回転します。角度のついた斜板の上で、ピストンは往復運動します。この時、バルブプレートによって吸入ポートと吐出ポートに分けられ、油圧が分配される構造です。

油圧ポンプから送られてきた油は、油圧バルブでコントロールされ、油圧シリンダによってブームやバケットを動かし、走行モータによって足回りを回転させています。

要点BOX

- ●大きな力に変換するパスカルの原理を応用
- ●油圧を発生させるギヤポンプ、斜板式ピストンポンプ
- ●油圧によってアクチュエータであるシリンダを作動

油圧の原理

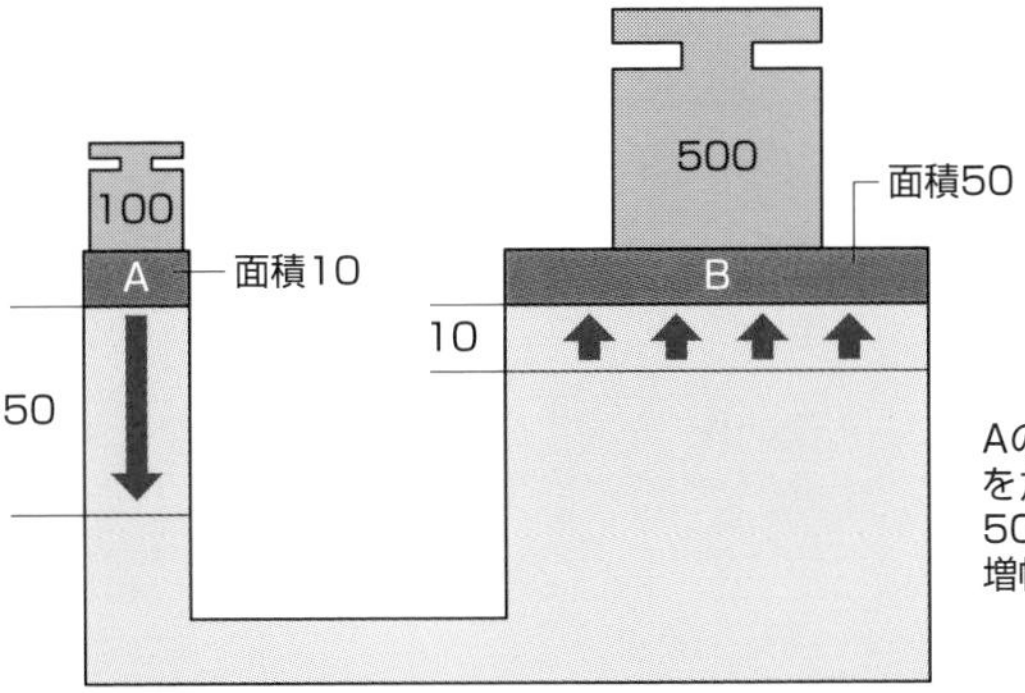

Aの面積10に100の力を加えたとき、Bの面積50に加わる力は500に増幅される。

ギヤポンプの構造

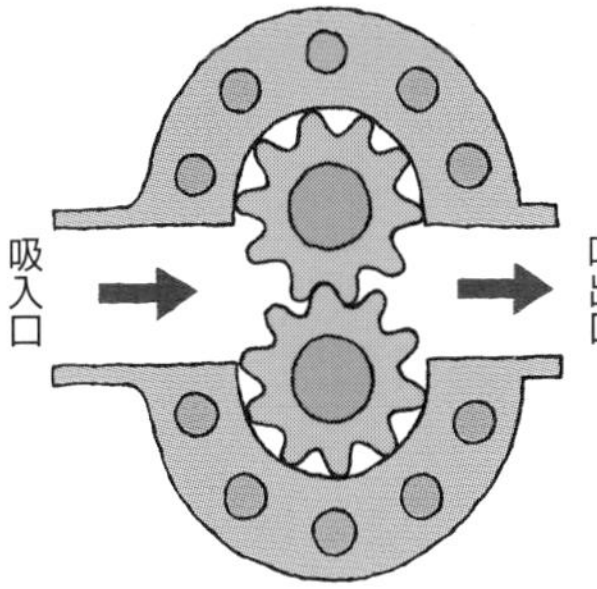

斜板式ピストンポンプの構造

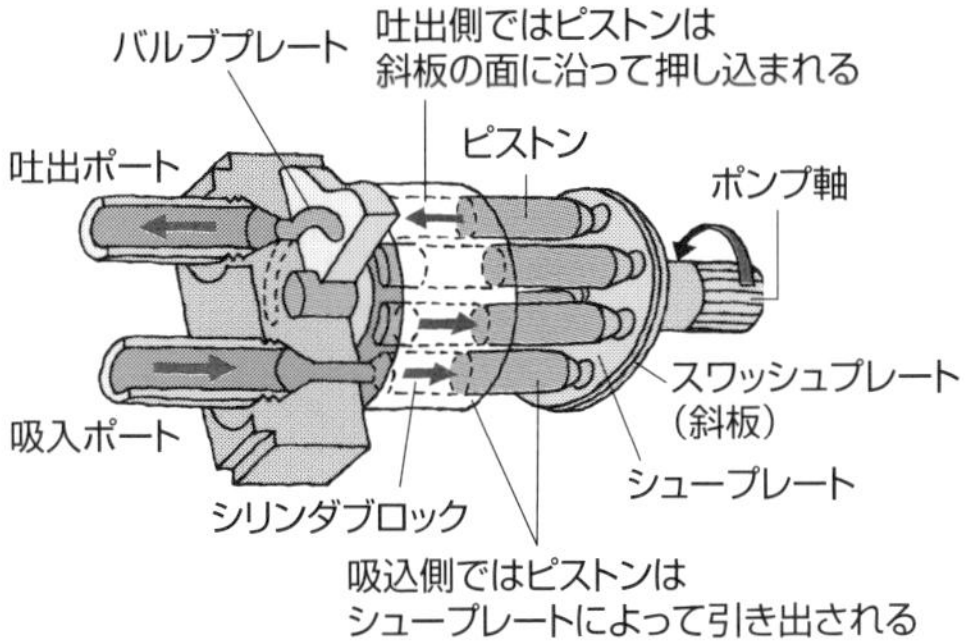

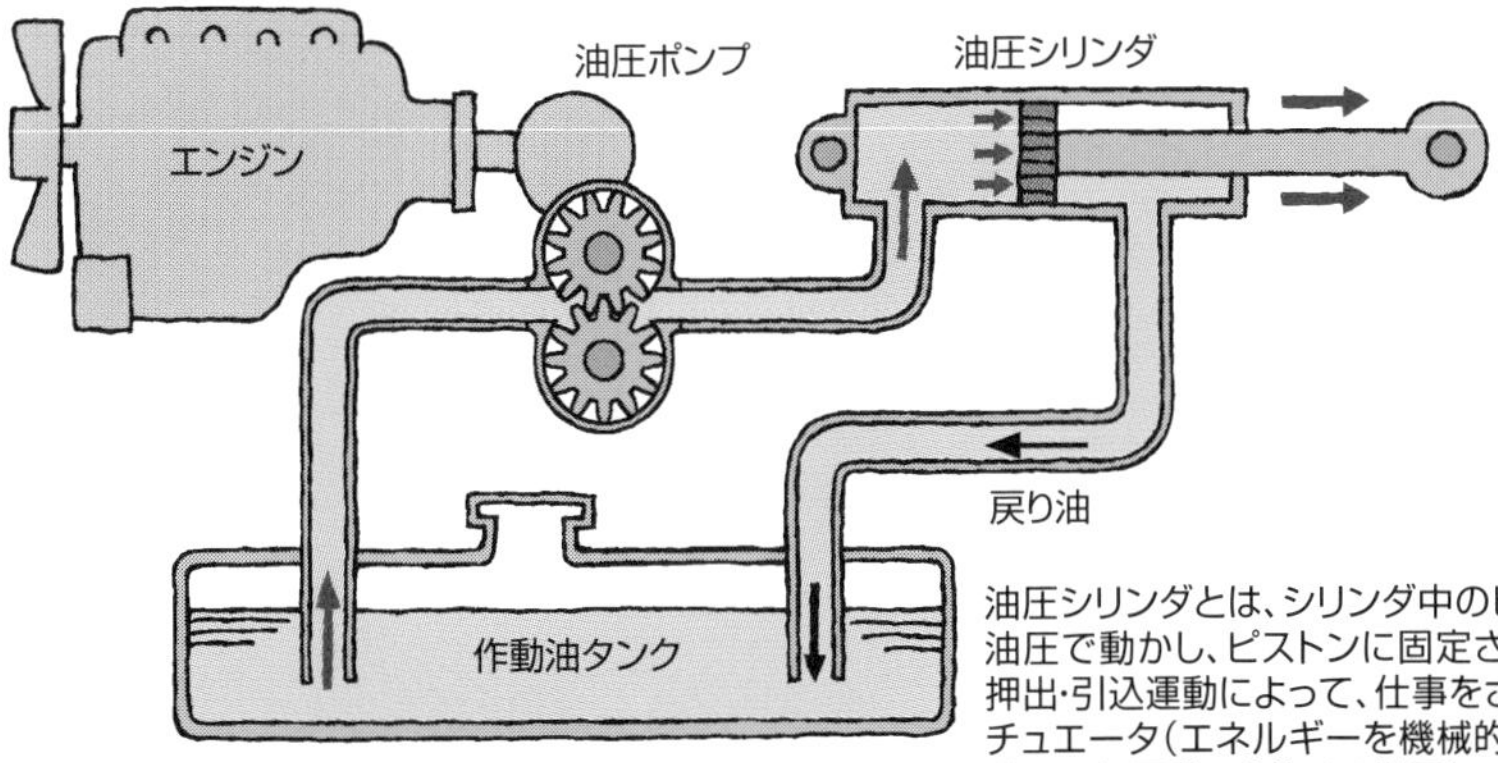

油圧シリンダとは、シリンダ中のピストンを油圧で動かし、ピストンに固定された棒の押出･引込運動によって、仕事をさせるアクチュエータ（エネルギーを機械的な往復運動や回転運動に変換する装置）です。

関連ページ 23油圧を制御し効果的に伝えるための工夫

23 油圧を制御し効果的に伝えるための工夫

コントロールバルブ、油圧ポンプ、電磁弁

「パスカルの原理」に従って油圧を利用することで、「小さな力で大きな力を発揮できるしくみ」ができました。ただ、これだけでは複雑な動きは実現しません。

油圧ショベルが動くしくみを詳しく見てみましょう。作動油を貯めた作動油タンク①から、エンジン②の動力によって作動油を油圧ポンプ③が吸い上げて高圧の油を作り（圧油）、コントロールバルブへ送ります。オペレータの操作に応じて、コントローラから指示を受けた油圧ポンプ③や電磁弁ブロック⑥により流量調整や圧力制御された圧油が、コントロールバルブ⑤からシリンダやモータへと振り分けられます。

このように、エンジンによって油圧ポンプを動かすことで、油圧装置が作動してフロント（ブーム、アーム、バケット）の動作、車体の旋回、走行といった複数の動作が同時にできます。動力源であるエンジンの出力が高いほど、より多くの圧油を発生させることができ、建設機械の強いパワーを生み出すことができるのです。また、ディーゼルだけでなく、燃費性能や環境配慮が重視される近年では、電動モータとエンジンを併用したハイブリッドシステムや、単体の電動モータといったように動力源が多様化しています。これに伴って、油圧システムは、電子制御技術を組み合わせながら、緻密で複雑な制御を実現しました。

油圧システムの制御の要はコントロールバルブです。高い油圧に耐えられる高硬度の鋳鉄を使ったモノブロック（一体構造）の部品で、コントローラからの信号に応じて制御し、油圧を最適に分配する役割を持っています。コントロールバルブや油圧ポンプの制御には電磁弁が採用されています。電磁弁は、電気磁石で弁を動かす構造で、素早く的確に繊細な制御を行うことができます。最近のモデルでは、20～30個もの電磁弁を取り入れ、迷路のように車体に張り巡らされた油路に油圧を効率的に送り、各所のアクチュエータを緻密に制御しています。

要点BOX

●小さな力で大きな力を発揮できる油圧のしくみ
●油圧を最適に分配ずつコントロールバルブ
●電磁弁でコントロールバルブや油圧ポンプを制御

油圧の伝達方法

日立建機の油圧ショベルの例

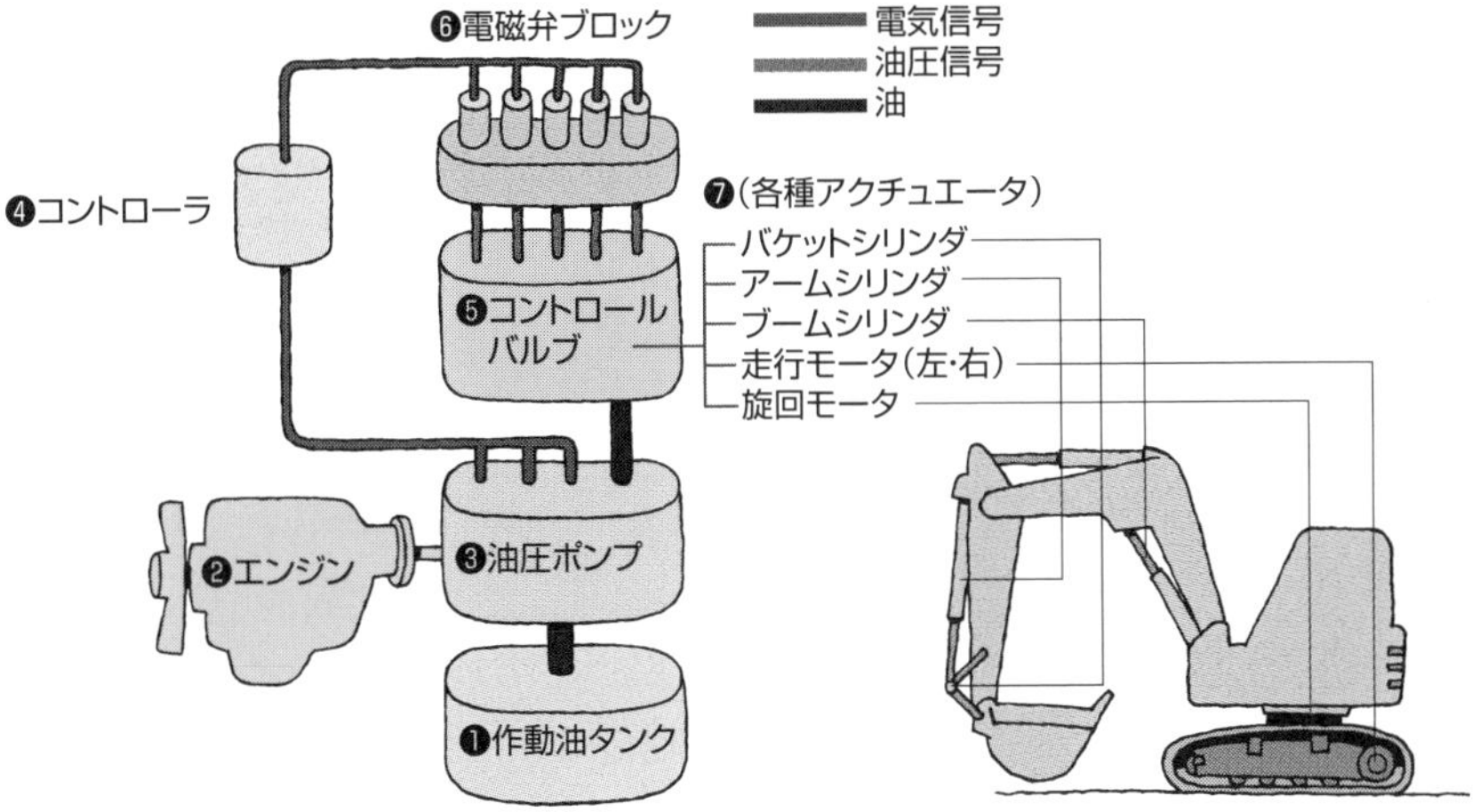

←コントロールバルブ

例えば、日立建機のコントロールバルブは、1cm²あたり約350kgという高い油圧に耐えられる高硬度な鋳鉄を用いたモノブロック(一体構造)で作られています。

▼電磁弁によって電子制御されるコントロールバルブ

▼電磁弁

写真提供:日立建機

関連ページ 22油圧を使う！強い力を生み出すための工夫

24 歯車を使う！トルクを上げるための工夫

遊星歯車機構のしくみ

歯車（ギア）は、力を伝達する手段として多くの機械で使われています。

例えば、モータで動く電気自動車。モータは毎分数千回転という高速が最もエネルギー効率が良いと言われていますが、そのままでは自動車の動力としては速すぎます。また、人や物を乗せる自動車にはできるだけ多くのトルクがあるほうが有利です。そこで歯車が登場します。歯車で速度を落とし、その分だけトルクを上げるようにするわけです。

次に、ギアAとその対になるギアBを考えてみましょう。ギアAとギアBは、円盤の外側に歯がついていて、この歯のかみ合いによって回転（動力）を伝達することができます。これを平歯車と言います。

ギアAの歯数を8、ギアBの歯数は16としてみます。この組み合わせで、ギアAを1回転させると、ギアBは1／2回転と半分の速度に落ちます。しかし、トルク（力）は2倍になります。これがギア比です。また、駆動側のギアAの回転方向と、従動側となるギアBは反対方向になるという特性もあります。

建設機械でも、歯車が使われています。

油圧ショベルでは、クローラを駆動するスプロケットと、上部旋回体を回転させるサークル部に歯車があります。特にスプロケットの走行モータには遊星歯車機構のしくみがあります。

遊星歯車機構は、入力軸（エンジン側）にある太陽歯車を中心にして、複数の遊星が自転しながら、内歯車の内部で公転する構造になっています。この構造は、入力軸と出力軸を同軸上にすることができ、また、複数でかみ合うことができるため大きなトルクを伝達できるなどの利点があります。入力軸の歯車を小さくすることで、ゆっくりとした回転となることから減速機と呼ばれますが、これによって大きな力に変換できるので、重い荷物を運ぶことができたり、坂道を上りやすくしてくれます。

要点BOX

- 回転数を落としトルクを上げる歯車の原理
- 太陽歯車、遊星歯車、内歯車が遊星歯車機構の構成
- クローラや上部旋回体の回転に利用

歯車の原理

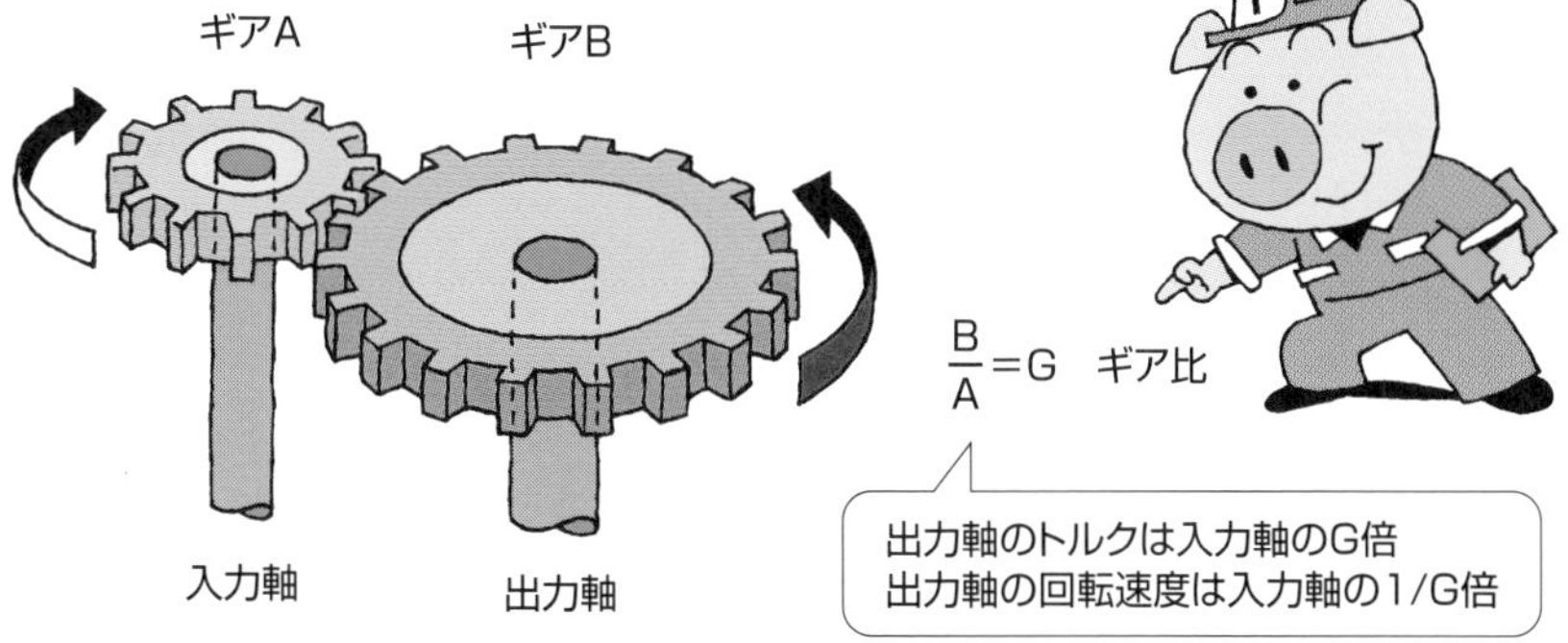

例えば、歯の数をギアAで8、ギアBで16とします。
ギアAが1回転すると、ギアBは1/2回転と半分の速度です。しかし、トルク(力)は2倍になります。

遊星歯車装置

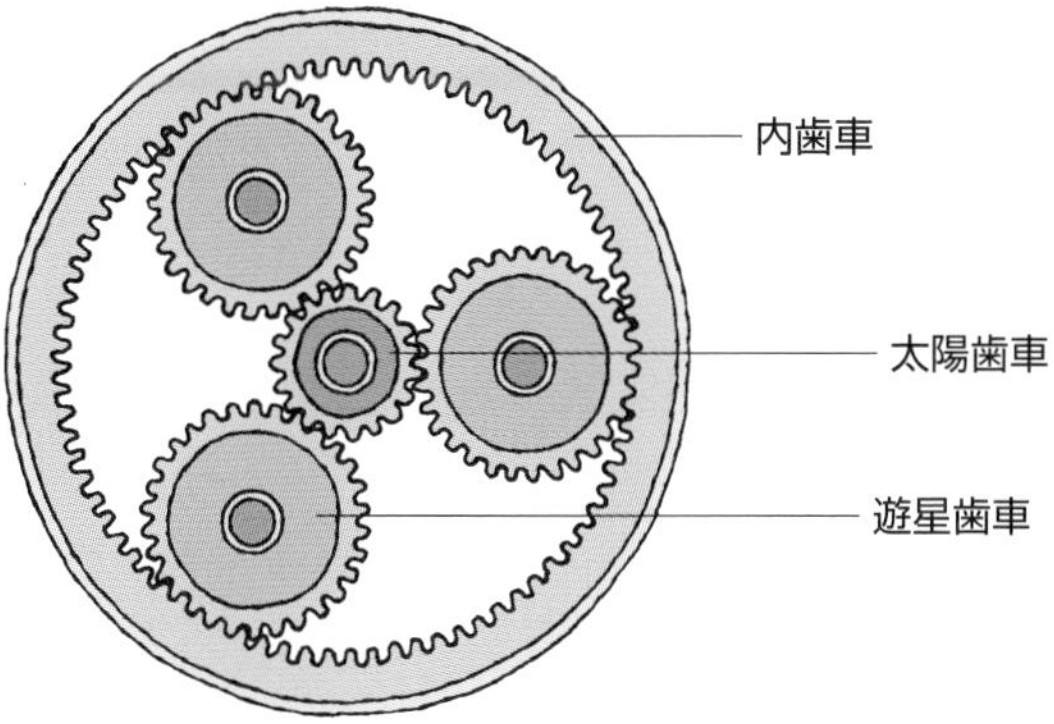

▼スプロケットの減速装置(ファイナルドライブ)を
体験できる展示

取材協力:こまつの杜
撮影:筆者

関連ページ 31クローラ

25 滑車を使う！吊り上げるための工夫

組み合わせ滑車のしくみ

重い荷物を軽々と吊り上げるクレーン車。力持ちのヒミツは滑車のしくみにあります。

滑車は、自由回転できる円盤の外周部に溝をつけて、ひもやロープなどをかけて荷物を引き上げる道具です。滑車には、定滑車と動滑車の2種類があります。

定滑車は、滑車そのものが動かないように固定された状態です。滑車にかけられたロープを引くと、もう片方に結ばれた荷物が上がります。この時、ロープを引く力の大きさと荷物の重さは等しくなります。

動滑車では、ロープの一端が固定され、滑車は荷物に固定されて、ロープで吊り下げられた状態です。ロープを引くと、滑車は荷物とともに引き上げられます。この時、固定されている側のロープと、引いている側のロープ、2本で荷物を吊り下げていることになります。滑車など吊り具の重さをゼロと考えると、片方のロープに働く力は、荷物の半分となります。ただし、引く長さは2倍になります。

動滑車を使えば、荷物の重さの半分の力で持ち上げることがわかりましたが、この場合、引く（力を加える）方向が上向きになってしまいます。これではちょっと不便なことが多いですね。そこで、動滑車によって力を半分にして、さらに定滑車を組み合わせることで、引く（力を加える）方向を下向きにするという工夫ができます。これを組み合わせ滑車と言います。

クレーン車の先端を見ると、組み合わせ滑車のしくみであることがわかります。動滑車を複数にすることで、力はさらに少なくて済む構造になっています。

例えば、定滑車のみを使う1本掛けでは、荷物と同じ力で引く必要があります。これに動滑車を組み合わせた2本掛けでは、荷物の重さは半分になります。さらに、定滑車2つ、動滑車2つを用いる4本掛けでは、荷物の重さの1／4で引き上げることができます。

こうした滑車装置を考案したのは、古代ギリシアのアルキメデスと伝えられています。

要点BOX

- 固定された定滑車と、滑車を荷物に固定した動滑車
- 定滑車と動滑車による組み合わせ滑車
- 動滑車を組み合わせるごとに引く力はさらに半減

滑車のしくみ

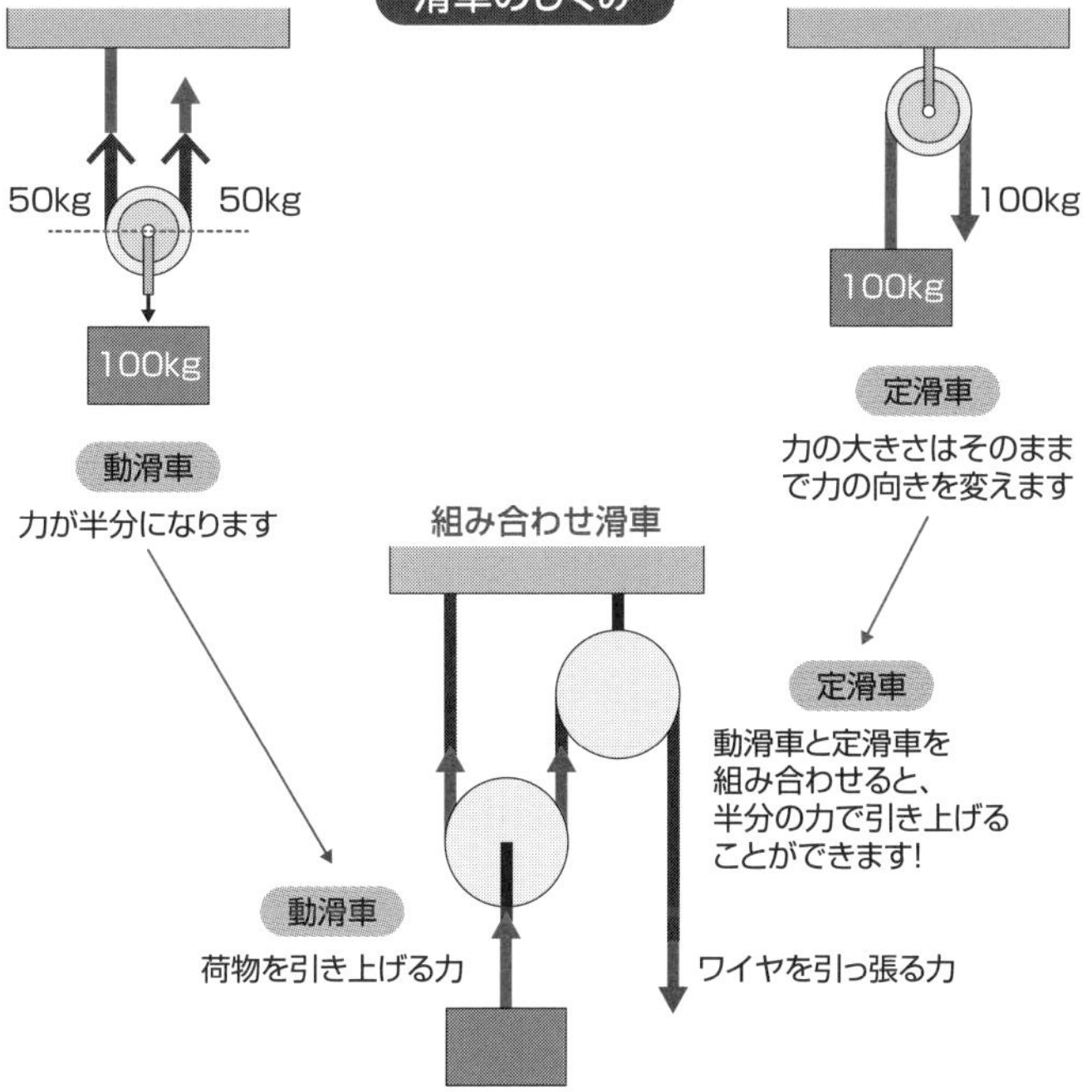

クレーン車で使われている滑車

CC423S-1

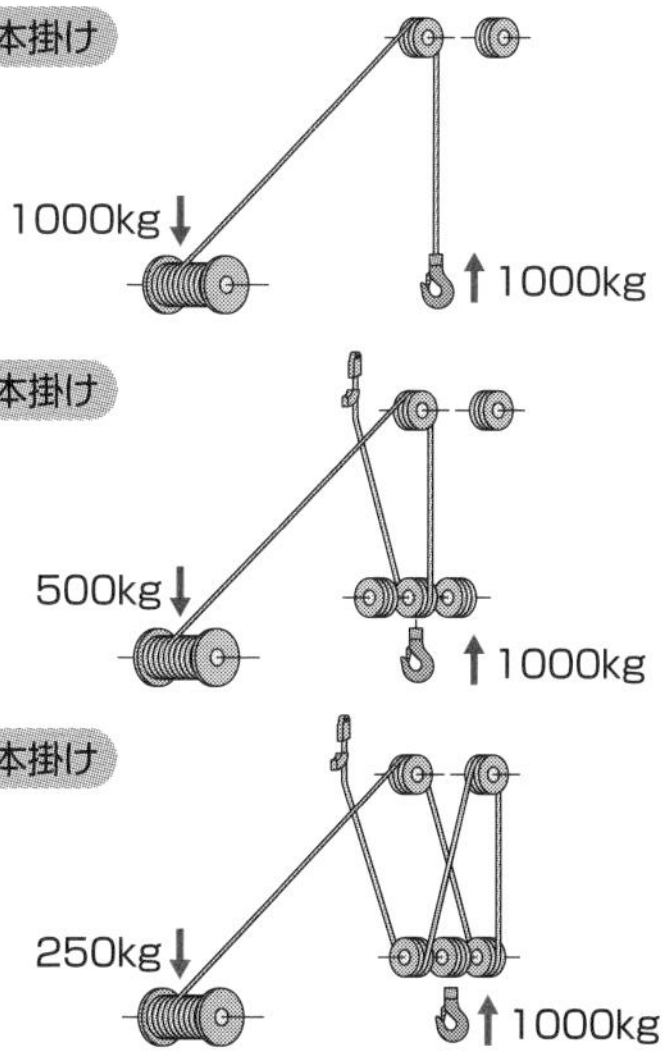

写真・資料提供:株式会社前田製作所

関連ページ 15移動式クレーン 56ジブクライミングクレーン、クローラクレーン

26 小さな力で大きな仕事をするための工夫

テコの原理の応用

公園のシーソーで体験することのできる「テコの原理」。テコは、アルキメデスが発見した原理で、「最も古い機械」、「あらゆる機械の基礎」と言われています。

テコは、モーメント（力×距離）の釣り合いを使って、小さな力で大きな作用を得られる原理で、支点、力点、作用点で構成されています。支点を中心として、力点に力（労力）を加え、作用点に伝えます。大きな力（作用）を得ようとすれば、できるだけ支点から離れたところに力点を置くか、もしくは支点に近いところに作用点を置きます。小さい力（作用）を得ようとする場合は、この逆にすればよいのです。

テコは、支点、力点、作用点の位置関係によって、3つのタイプがあります。

建設機械の構造でも、この3種のテコが応用されています。

第1のテコは、力点と作用点の間に支点があります。身近な例では、釘抜きなどがこの原理を使っています。

油圧ショベルのアームの構造を見てみましょう。支点となるのは、ブームとの接合点です。バケットで土を掘削する場合、支点から離れたところにバケット爪先があります。油圧シリンダの伸びる力の作用点は、支点から近いところにあります。これにより、力点での油圧シリンダの小さなストロークで、作用点である爪先で大きな運動が得られます。その分、力点では油圧による大きな力が必要になります。

第2のテコは、支点を端において、近いところに作用点、離れたところに力点とします。これによって、力点での小さな力が、作用点では同じ方向の大きな力になります。シフトレバーに応用されています。ふだん使っている栓抜きや穴あけパンチも同じ原理です。

第3のテコは、支点を端において、近いところに力点、離れたところに作用点とします。ダンプトラックの荷台を持ち上げる油圧シリンダがこの構造です。ピンセットやトングなども同じ原理です。

要点BOX

- ●モーメント（力 × 距離）の釣り合いが原理
- ●テコの原理は、支点・力点・作用点の関係
- ●3種類（第1、第2、第3）のテコを応用

テコの原理

支点 :テコを支える点
力点 :労力(外部の力)がテコに加わる点
作用点 :力が作用する点

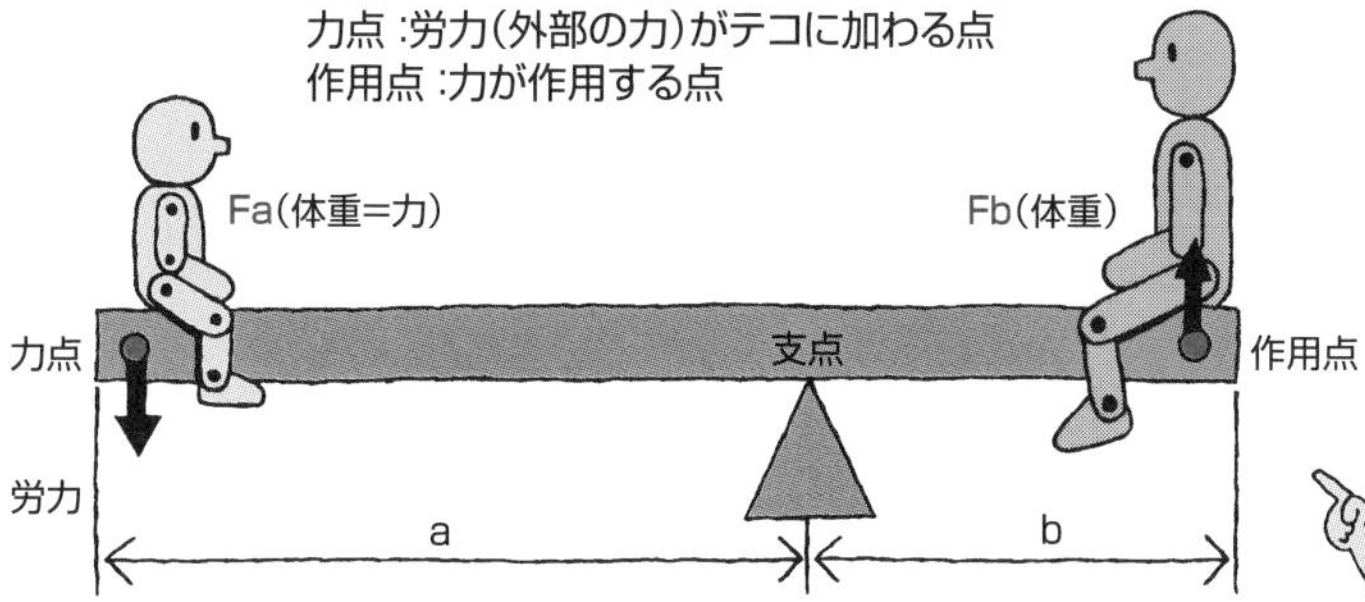

モーメント(力 × 距離)
が釣り合うことを応用 → Fa×a=Fb×b

テコの原理の応用

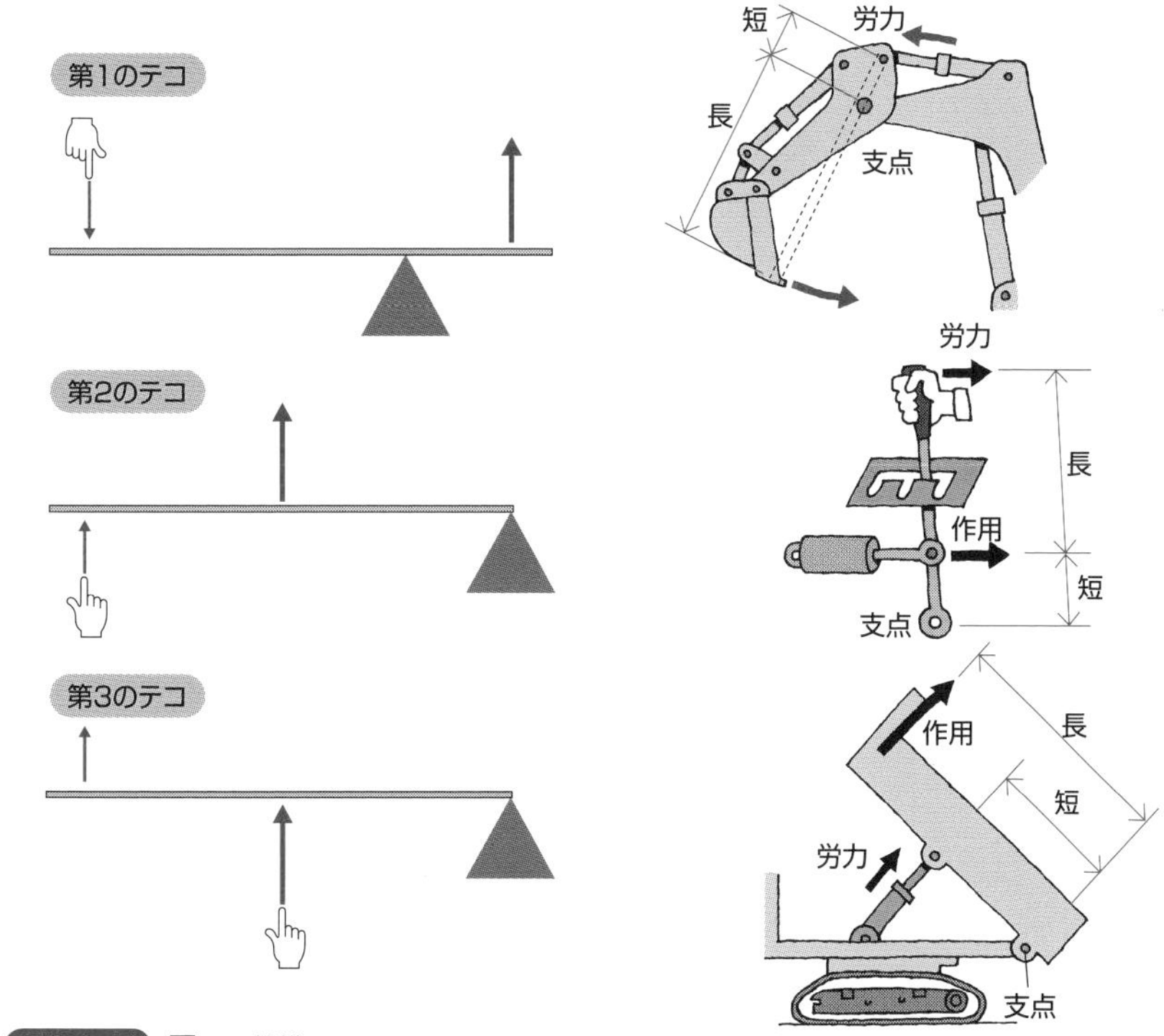

関連ページ 29リンク機構

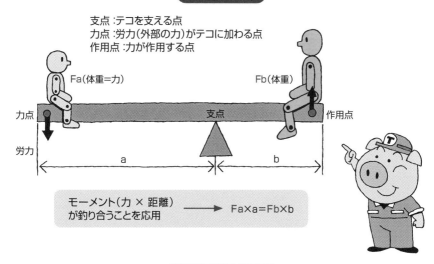

27 ヤジロベエ？巨大クレーンのバランスを取るための工夫

カウンターウエイトの必要性

日本伝統の玩具で、理科の工作や自由研究でも取り上げられるヤジロベエ。力のつり合いを楽しく学べます。このような力のバランスで重さを量ることに応用したのは、紀元前の古代エジプトに遡ると言われています。最古の紙と言われるパピルス紙に、すでに天秤が描かれていることで証明されています。

その後、片方に重石をつけて、もう一方の荷を上げ下げする道具として、水を組み上げたり、石材の吊り上げなどに使われるようになります。

こうした原理を機械式のクレーンとして具現化したのは、レオナルド・ダ・ヴィンチ（1470〜1510年）。「モナリザ」の絵画で画家として知られるとともに、発明家であり近代技術の父とも呼ばれています。このクレーンは、片方の箱にバランス用のおもりを入れておき、もう一方の箱に土砂を入れて巻き上げる構造です。さらに、台座部分は旋回体になっていて現在の上部旋回体のスイングサークル装置に共通する考え方と言えるでしょう。

現在、日本最大のクローラクレーンは、最大荷重能力1350トンを誇るLR11350(Liebherr)です。高速道路高架橋の大ブロックの架設などで活躍しています。このような大型クローラクレーンでは、荷を吊り上げるためのメインブーム、メインブームを支える役割をするデリックの2つの巨大な腕が伸びているのがわかります。それぞれに荷重が吊り下げ、ヤジロベエの原理でバランスをとっています。

安定性を確保するための荷重はウエイトです。クローラ走行装置の間にセンターウエイトを置き、自重を増やします。吊荷とのバランスのために、クレーン上部旋回体後方のカウンターウエイトをデリックにつなぎます。さらに重い荷を吊り上げた際のバランスをとるために、追加のバラストも用いることがあります。

要点BOX
- ●ヤジロベエや天秤に応用されている力のつり合い
- ●現在のクレーンの原型はレオナルド・ダ・ヴィンチ
- ●荷重とのバランスをとるカウンターウエイト

パピルスに描かれた「秤」

天秤の原理を応用

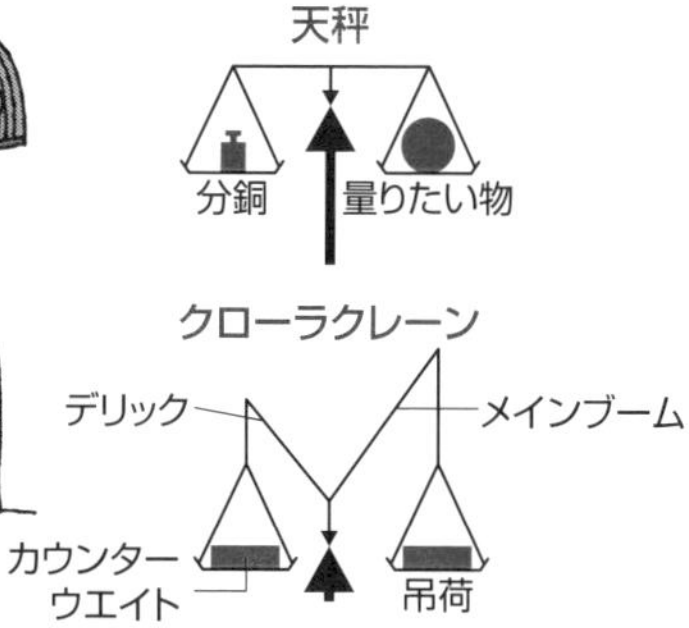

レオナルド・ダ・ヴィンチのクレーン

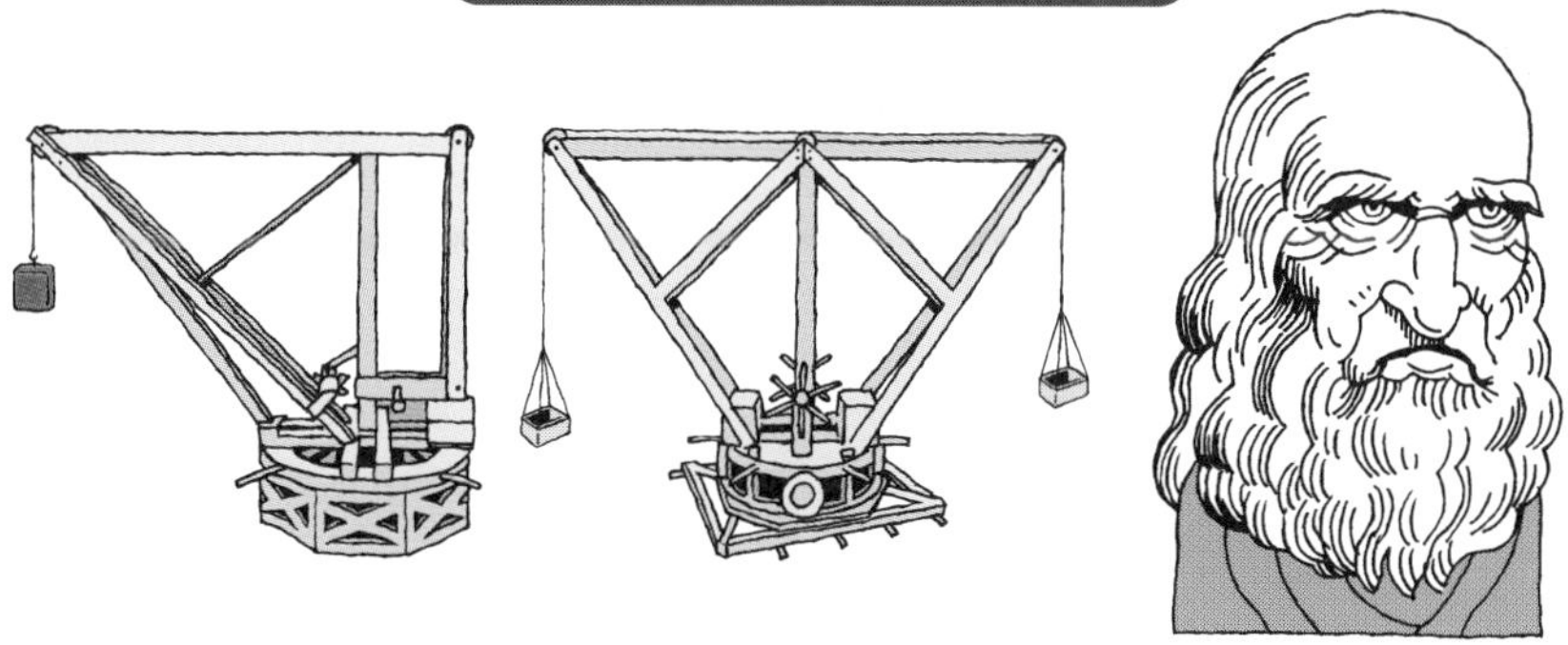

写真提供:株式会社電材重機

オールテレーンクレーン
(400t吊)による架橋作業

取材協力:長野県伊那建設事務所、
トライアン株式会社
撮影:筆者

関連ページ 15移動式クレーン 56ジブクライミングクレーン、クローラクレーン

28 回転して移動させるための工夫

アルキメデスのらせんの応用

ネジの構造は、ボルトや電球ソケット、ペットボトルのふたなど、身近なところでよく目にしています。あらためて観察してみると、円筒や円錐形の面に沿って、らせん状の突起、または溝を作っていることがわかります。さらにネジを回転させる動きをすると、上下方向の直線運動に変換されています。

らせんを最初に機械に使用したのは、紀元前250年頃のアルキメデス。この時の発明は、アルキメデスのらせん（アルキメディアン・スクリュー）と呼ばれる揚水ポンプです。基本的な構造は、傾けた管の内部にらせん（スクリュー）があり、これを回転することで連続的に水を上方へと移動させるものです。

アルキメデスのらせんは、建設機械でも応用されています。例えば、トンネル掘削の現場で活躍しているシールドマシンのスクリューコンベアです。礫や岩盤などに対応するシールドマシンでは、前面のカッタで砕いた土砂を、斜めに上部移動させ、後方にあるベルトコンベアへと、連続的に載せることができます。

アスファルトフィニッシャのスクリュースプレッダも同じ構造です。この部分は、スクリュー軸の回転によって、アスファルト舗装で用いる混合材を左右に敷き広げる役割があります。らせんが回転する運動によって、混合材を水平方向に移動させているわけです。

らせんの構造を持つマシンはほかにもあります。電柱を建てることが専門の穴掘建柱車です。この機械は、1台で電柱の穴掘りと建て込みができます。ポールマスター D50B1FSに装備されたオーガスクリューには、掘削穴径50㎝、最大掘削深さ5・2mの能力があります。

コンパクトトラックローダには、数多くの作業装置をチョイスすることができますが、オーガアタッチメントもその一つです。このように地中に穴をあけるアースオーガは、さまざまな建設機械のアタッチメントに応用されています。

要点BOX

- らせん構造を持つ機械を最初に発明したアルキメデス
- 建設機械でも応用されているアルキメデスのらせん
- アースオーガでも見られるらせん構造

アルキメデスのスクリュー

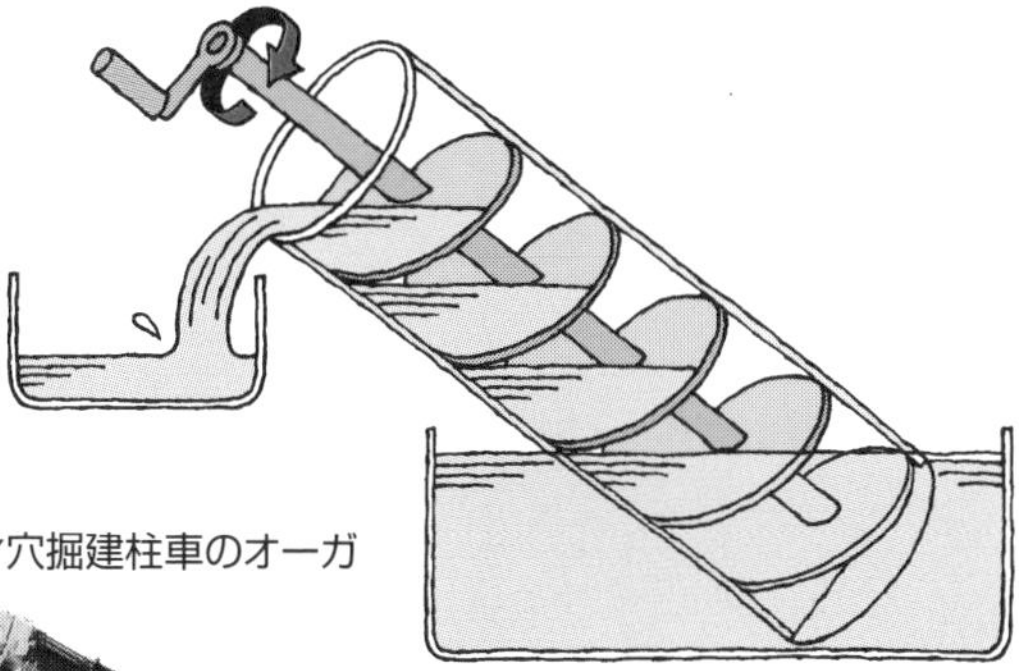

▼穴掘建柱車のオーガ

ポールマスター

D50B1FS

写真提供:株式会社アイチコーポレーション

▼コンパクトトラックローダのオーガアタッチメント

写真提供:株式会社ボブキャット

HA90C

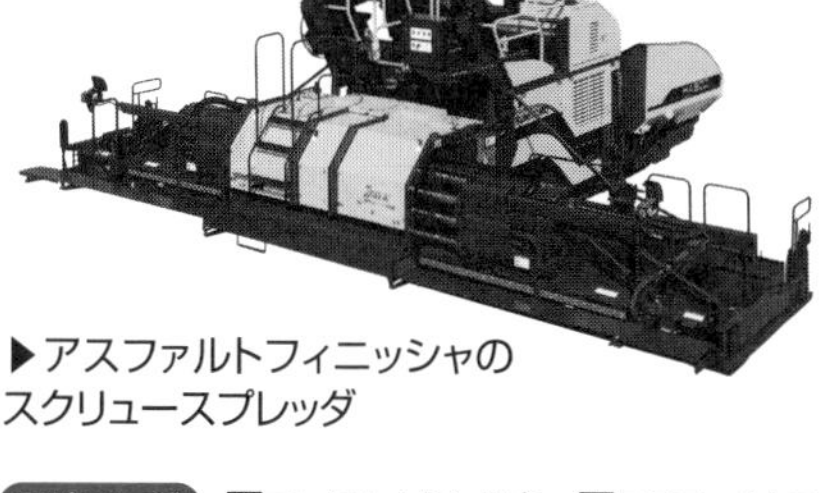

▶アスファルトフィニッシャの
スクリュースプレッダ

写真提供:住友建機株式会社

関連ページ　18コンクリートミキサ車　47アスファルトフィニッシャ　50シールドマシン

29 リンク機構による工夫

リンクと油圧シリンダを組み合わせる

リンク機構は、いくつかの部材を組み合わせて、力や運動を伝えるしくみです。本書でも触れているテコやシザーズもそうですし、ラチス構造やトラス構造などもリンク機構の一種です。一般的に棒状の形状をした部材がリンクです。二つの部材の結合部をジョイント（対偶）と呼びます。複数のリンクがジョイントによって組み合わされたものがリンク機構です。これによって、単純な動きから複雑な動きを作ることが可能になります。

自動車のワイパーは、左右のワイパーブレードを同時に動かすことで、フロントウインドについた雨や汚れを取り除いてくれます。この時、モータの回転運動を往復運動に変えてくれる装置がワイパーリンクという構造です。

建設機械で使われているリンク機構を見てみましょう。油圧ショベルのバケット部分に注目してみます。アームに取り付けられた油圧シリンダが伸びたり縮んだりすることによって、バケットが土を効率良くすくい上げる動きができます。ここでは、HリンクとIリンクの二つの部材がポイントです。Hリンクは、片方を油圧シリンダ、もう片方をバケットにジョイントを持つH形をしています。Iリンクは、油圧シリンダとHリンクの結合部と同じ部分をジョイントにして、もう片方をアーム側に結合しています。HリンクとIリンクが連鎖して、バケットの動きを実現しているのです。

ホイールローダのフロント部にもリンク機構がありました。バケットの裏（本体）側の中央部で、すくい上げる動きができる構造です。ホイールローダでは、Z形と呼ばれる構造が多く使われていますが、平行リンク形というタイプもあります。もう一つ、前輪の上部に固定された支点を持ち、作用点となる先端をバケット、間に力点となる油圧シリンダを結合させた部分もリンク機構です。これはバケットを高く持ち上げることのできるテコになっています。

要点BOX

- ●リンクとジョイントが組み合わされたリンク機構
- ●油圧ショベルのHリンク、Iリンク
- ●ホイールローダのZ形、平行リンク形

油圧ショベルのIリンク、Hリンク

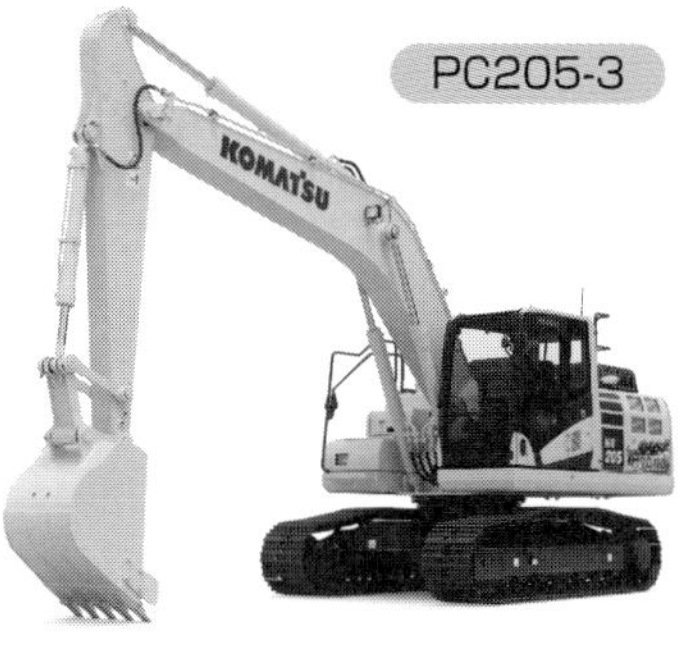

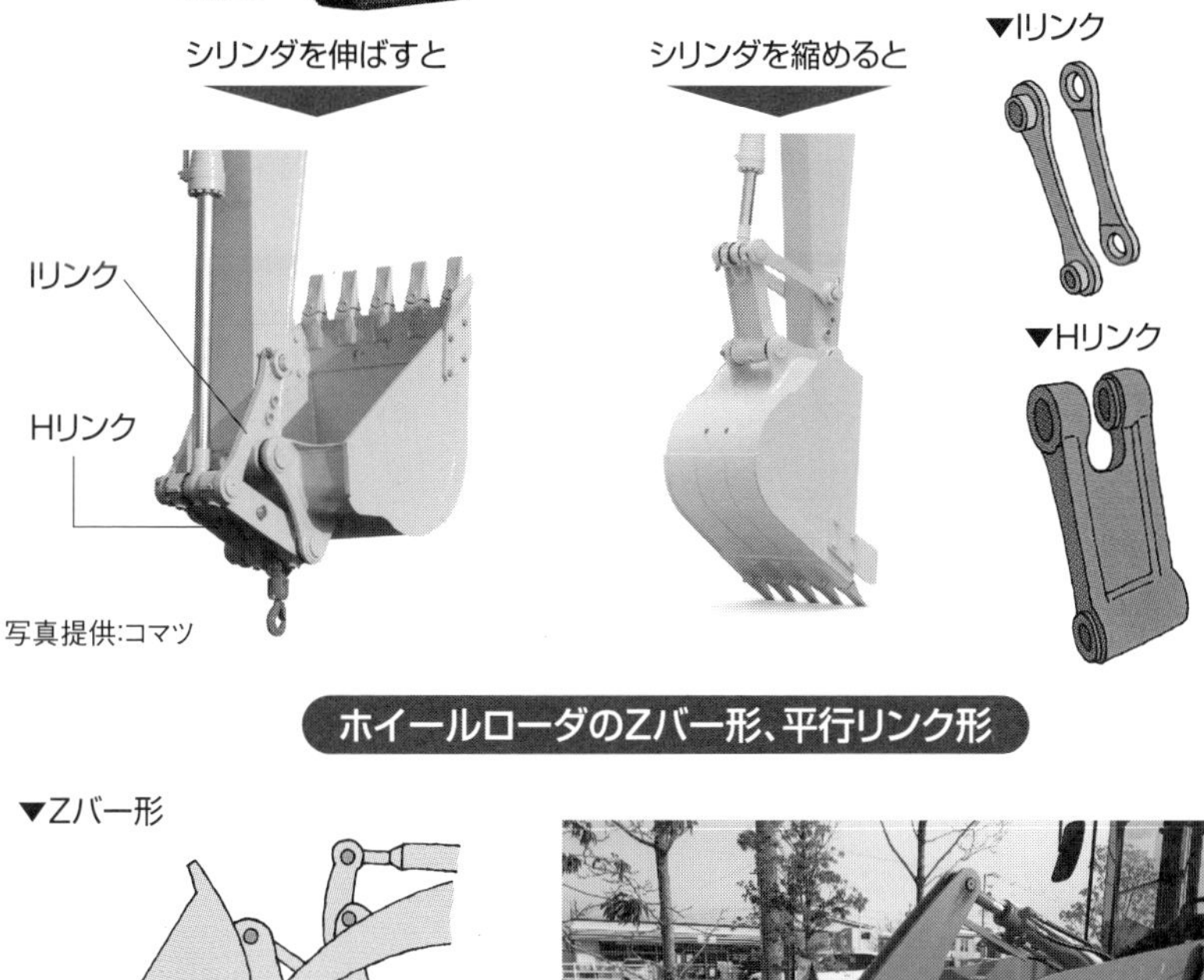

写真提供:コマツ

ホイールローダのZバー形、平行リンク形

▼Zバー形

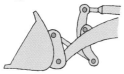

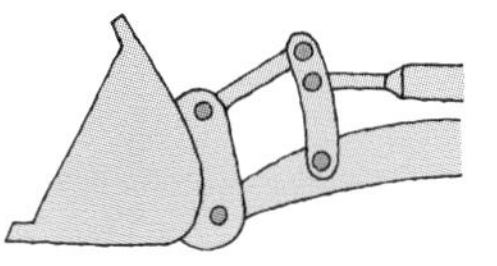

▼平行リンク形

写真:筆者

関連ページ 26テコの原理 35高所作業車のシザース構造

30 柔軟に動力を伝達するための工夫

自在継手・ユニバーサルジョイントのはたらき

大きな車体で力強い作業を行う建設機械。そのためには、強力なエンジンが生み出す動力を、駆動輪に効率良く伝達する必要があります。

エンジンで発生した動力は、トルクや回転数、回転方向を変えるトランスミッション（変速機）により駆動力を生み出し、その駆動力をデファレンシャルギア（差動装置）に伝え、駆動輪を回転させます。トランスミッションとデファレンシャルギアが離れているため、車体の前後方向に回転を伝える役割が必要になります。そのための部品が、プロペラシャフトです。このようなメカニズムは、自動車の4WDやFR（フロントエンジン・リアドライブ）車にも共通しているしくみです。

四輪駆動方式となっているホイールローダでは、後部にあるエンジンからプロペラシャフトで回転する駆動力が伝達され、デファレンシャルギアで左右のドライブシャフトに分かれて前輪の回転力になります。特にホイールローダでは、車体の前部と後部が屈曲する構造となっていることから、接続部の隙間から動力伝達装置の一部を外から観察することができます。この部分で目立つのが、ユニバーサルジョイントと呼ばれる自在継手です。これは、軸の回転に角度をつけて伝えるためのジョイントで、回転軸の方向に角度が加わっても、なめらかに動力を伝えることができる装置です。接合部は、接続する2軸の端部に二又を設け、十字形部品で接続する構造となっています。ユニバーサルジョイントで接合された中間軸を設けることで、プロペラシャフトの角度を変えることができるのです。

ステアリング操作によって、車体の軸方向が前後で変化するホイールローダのプロペラシャフトには欠かせないパーツです。また、外から見える場所にあることで点検や修理を容易にしています。

ユニバーサルジョイントは、ボルトやプラグを回すための工具であるレンチなどさまざまな場所で見かけることができます。

要点BOX

- ●左・エンジンの動力を前後に伝達するプロペラシャフト
- ●軸方向を変えられるユニバーサルジョイントは、2軸の端部に二又を設けて十字形の部品で接続

ホイールローダのユニバーサルジョイント

ユニバーサルジョイント

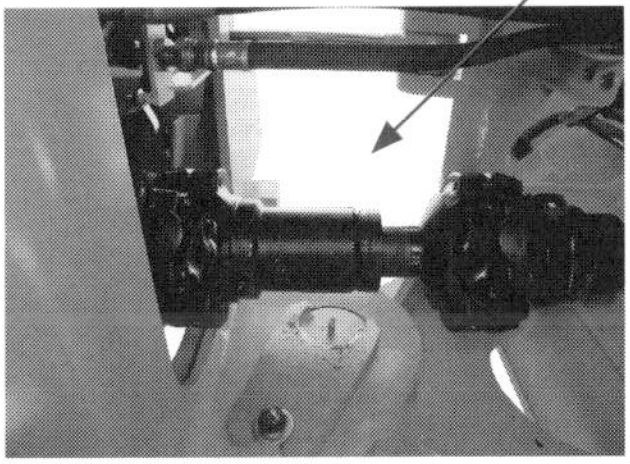

写真提供:日立建機

バケットなどの作業装置を前部、エンジンを後部に配置したホイールローダ

ユニバーサルジョイントの原理

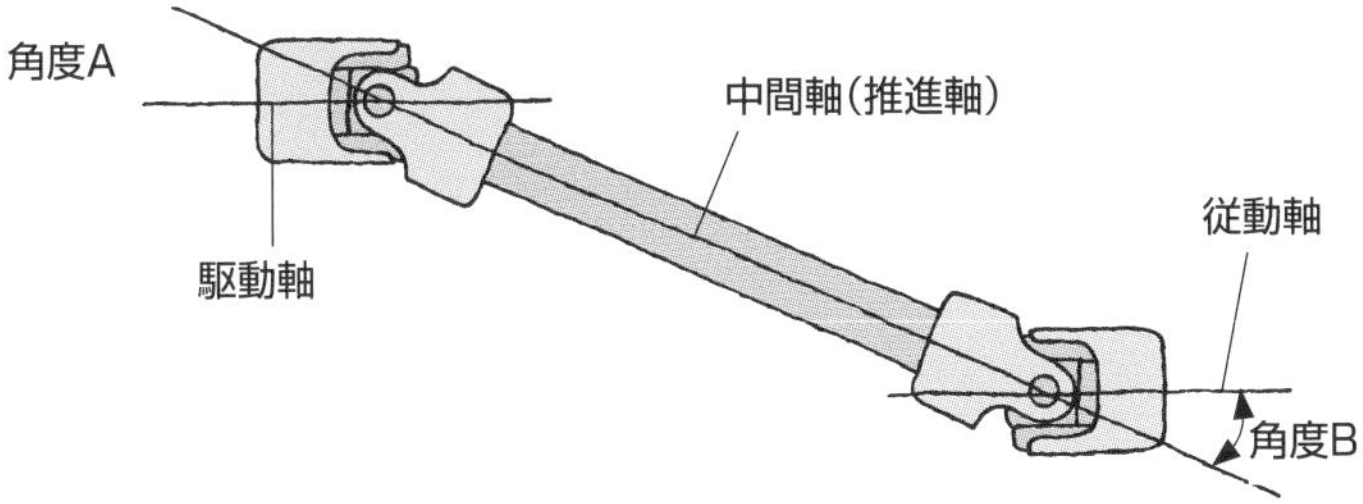

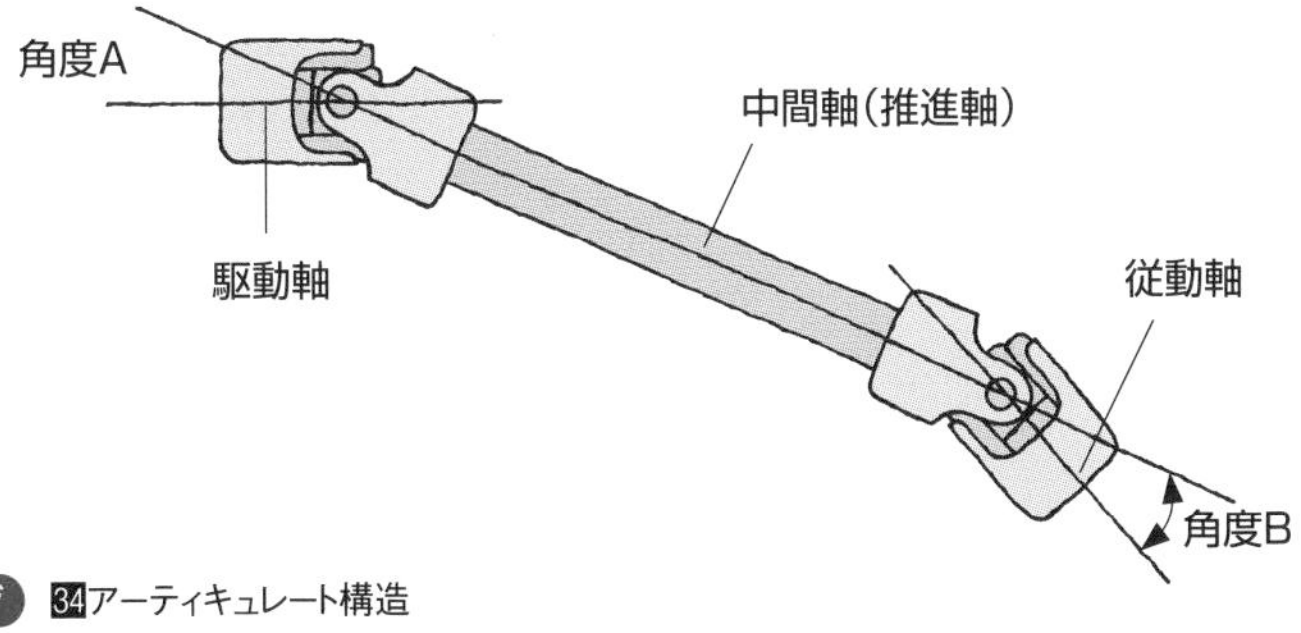

関連ページ 34アーティキュレート構造

Column

建設機械のミュージアムに行ってみよう！

建設機械を身近に見て、知って、楽しむことのできるミュージアムやイベントがあります。

　石川県小松市にある『こまつの杜』もその一つ。コマツ（株式会社小松製作所）が創業した地に、建設機械のミュージアムがあります。旧本社社屋を復元した『コマツの歴史館』のほか、実物展示や体験ひろばなどが充実しています。たくさんの体験講座やイベントなども催されていて、見学者でにぎわっています。

　なかでも圧巻なのは、チリの鉱山で活躍していた超大型ダンプトラック930E。車高7・32m、タイヤの直径だけでも3・83mという巨大マシンです。運転席に座ってみることもでき、実物ならではの迫力が実感できます！

　2021年、コマツ創立100周年と合わせたリニューアルで、さらに魅力度がアップしました。見どころの一つは930Eの隣に配置された超大型油圧ショベルPC4000。この運転席への試乗もできます。

　こうしたミュージアムや建設機械メーカーのイベントなどで、お気に入りの建設機械に触れてみてはいかがでしょうか。

こまつの杜

▼初期からのブルドーザの歴史がわかります

▼巨大なオフロードダンプ 930E

取材協力:こまつの杜 撮影:筆者

開園日、試乗時間、イベント情報など、詳しい情報は『こまつの杜』ホームページを参照ください。
https://komatsunomori.jp/

第4章

建設機械のメカニズム

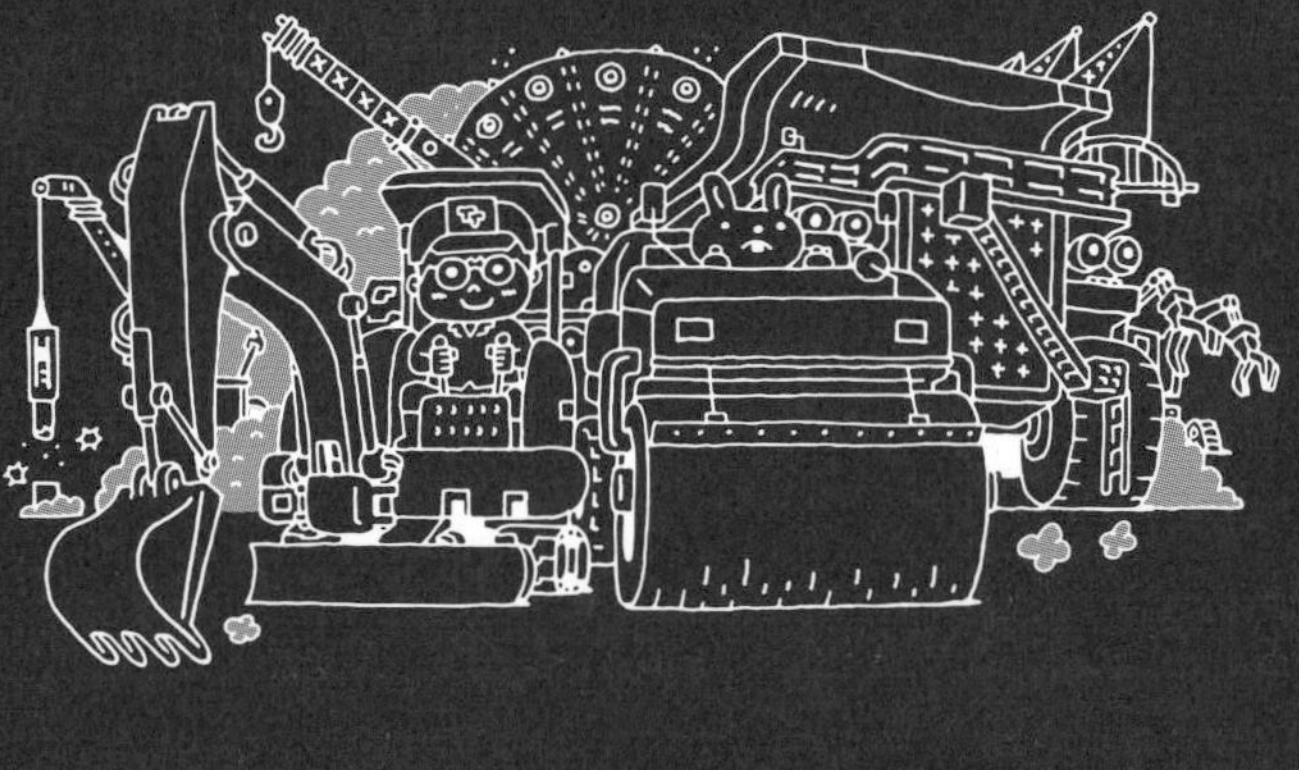

31 クローラを使う！凹凸でもへっちゃら

無限軌道クローラの構造

建設機械が自力で移動するために、自動車のようなタイヤや、戦車のようなクローラが用いられます。なかでもクローラは、不整地を走行し、作業するために欠かすことのできないメカニズムで、履帯（りたい）、無限軌道、トラックベルト、キャタピラーなどとも呼ばれています。発明されたのは1801年のイギリス。そして1904年に米国の企業で農耕用トラクタの走行装置として使われたのが商品化の最初です。この企業は、その後、米国キャタピラー社（Caterpillar Inc.）に発展し、「キャタピラー」という言葉は、この会社の登録商標となりました。「キャタピラー」は、英語で芋虫、毛虫の意味です。

連結部品「リンク」に複数の履板「シュー」を取りつけ、円筒状のブッシュを通したピンで連結し、輪状にすることでクローラのベルトができます。

エンジンからの回転力を伝えるのは、歯車状のスプロケットです。スプロケットの歯車は、クローラのブッシュと噛み合って動力を伝達します。

クローラは、スプロケットとその反対側のアイドラ、複数の上部ローラと下部ローラによって保持されます。上部ローラの役割はクローラの垂れ下がり防止、下部ローラの役割は運転質量を均等に配分させることです。スプロケットを上部に配置し、前後をアイドラにした三角形のクローラもあります。

クローラ下部が地面と接する長さである接地長と、クローラのシュー幅の掛け算で、接地面積が求められます。本体やオペレーターなどを含めた運転質量は、左右2つのクローラによる接地面積で分散されます。これが接地圧です。

クローラは、地盤の凹凸に追従し、接地長を長く確保できるために接地面積が広くなり、タイヤに比べて接地圧を小さくできるので、軟弱な場所や積雪地などを走行する性能に優れているのです。

要点BOX

- 大きな接地面積が柔らかい地面で有利
- トラックフレーム構造により地面の凹凸を緩衝
- 用途や地盤に対応するさまざまなシューを使用

クローラの構造

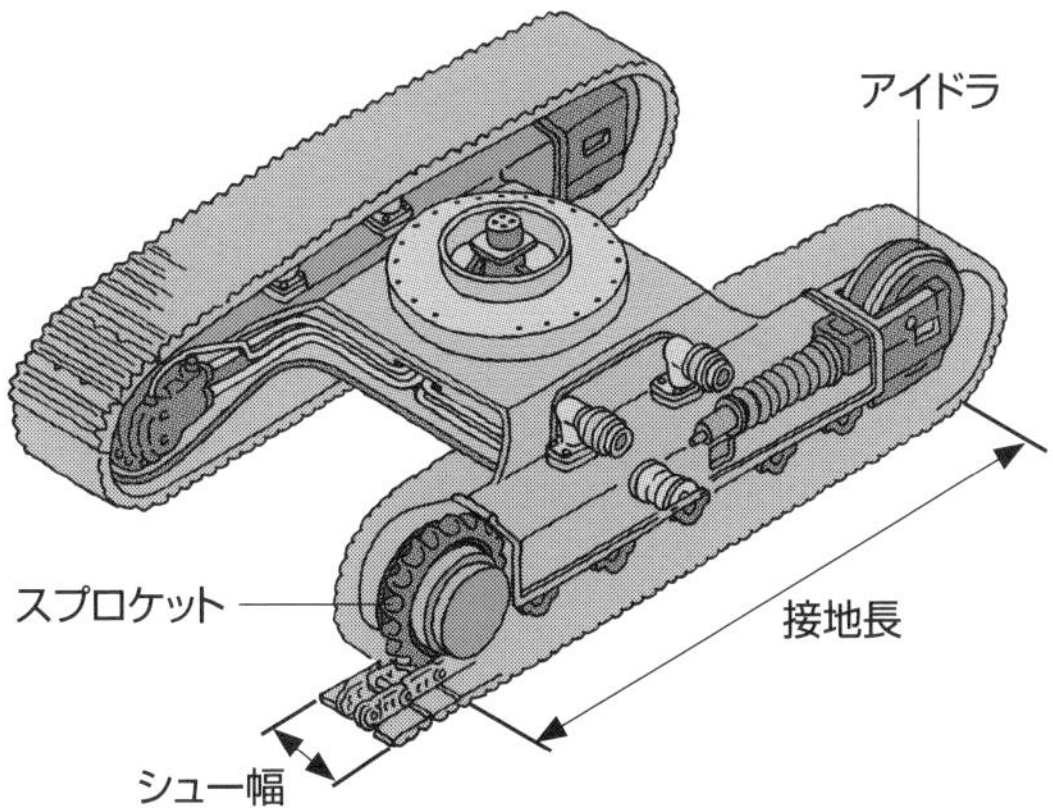

地面の状態に対応できるように
さまざまなシューがあります。

高位置スプロケット

頂点をスプロケットとし、下の前後をアイドルとする三角形のクローラ。地面からの衝撃から動力機構を守れるメリットがあります。

写真提供:キャタピラー

湿地では幅の広いクローラが有利

資料提供:コマツ

泥上掘削機 MA200

写真提供:日立建機

関連ページ 24歯車 39コントロール

32 小回りのきく後輪操舵・多軸操舵!

フォークリフト、オールテレーンクレーンの操舵

資材置き場、工場や市場など、狭い通路を俊敏に動き回るのが得意な機械が、フォークリフトです。建設機械として用いられるフォークリフトはディーゼルエンジン式が主流でしたが、最近では環境性能や経済性の高いバッテリー式も普及しはじめています。

最新式のバッテリーフォークリフト、FE15(コマツ)を観察してみましょう。

フォークリフトは、前輪駆動で後輪操舵することによって小回りできます。全長2・98mのFE15は、最小旋回半径(外側)1・75mの小回りができます。この時左右2つの走行モータはコントローラで最適な回転数に制御しています。旋回半径の大小に応じて、外輪に比べて内輪の回転を遅くしたり止めるなど、最適な出力と安定した走行を実現しています。

ステアリングをフルに切った時のタイヤの切れ角度を見てみましょう。一般的な自動車では、内側角度40~45°、外側角度30~40°と言われています。これに対してフォークリフトでは、内側角度75~80°、外側角度50~55°と、約2倍の切れ角があります。

オールテレーンクレーンには、多軸操舵という特徴的な操舵システムがあります。複数の車輪軸を独立させた操舵が多軸操舵です。

AR-7000N(株式会社タダノ)は、キャリア長15・99mという長い車体を7軸14個のタイヤが支えており、このうち10輪をステアリングとして用いています。例えば、前側(3軸)が正相操舵の時、中央付近(2軸)を固定、後側(2軸)を逆相操舵にすることで、旋回時の取り回しを向上させています。

また、全軸操舵のオールテレーンクレーンもあります。このタイプは、通常走行の操舵モードとは別のモードが使えます。例えば、逆相モードにすることで回転半径を小さくしたり、同相モードで車体の向きを変えずに斜め走行(カニ走行)するなど、作業場所への進入や位置調整をサポートする操舵システムです。

要点BOX

- ●前輪駆動、後輪操舵のフォークリフト
- ●自動車の2倍のタイヤ切れ角度
- ●多軸操舵のオールテレーンクレーン

バッテリーフォークリフト

バッテリーフォークリフトFE15
（最大荷重1500kg）

フォークリフトは後輪操舵で、
小回りがききます

後輪操舵の特徴

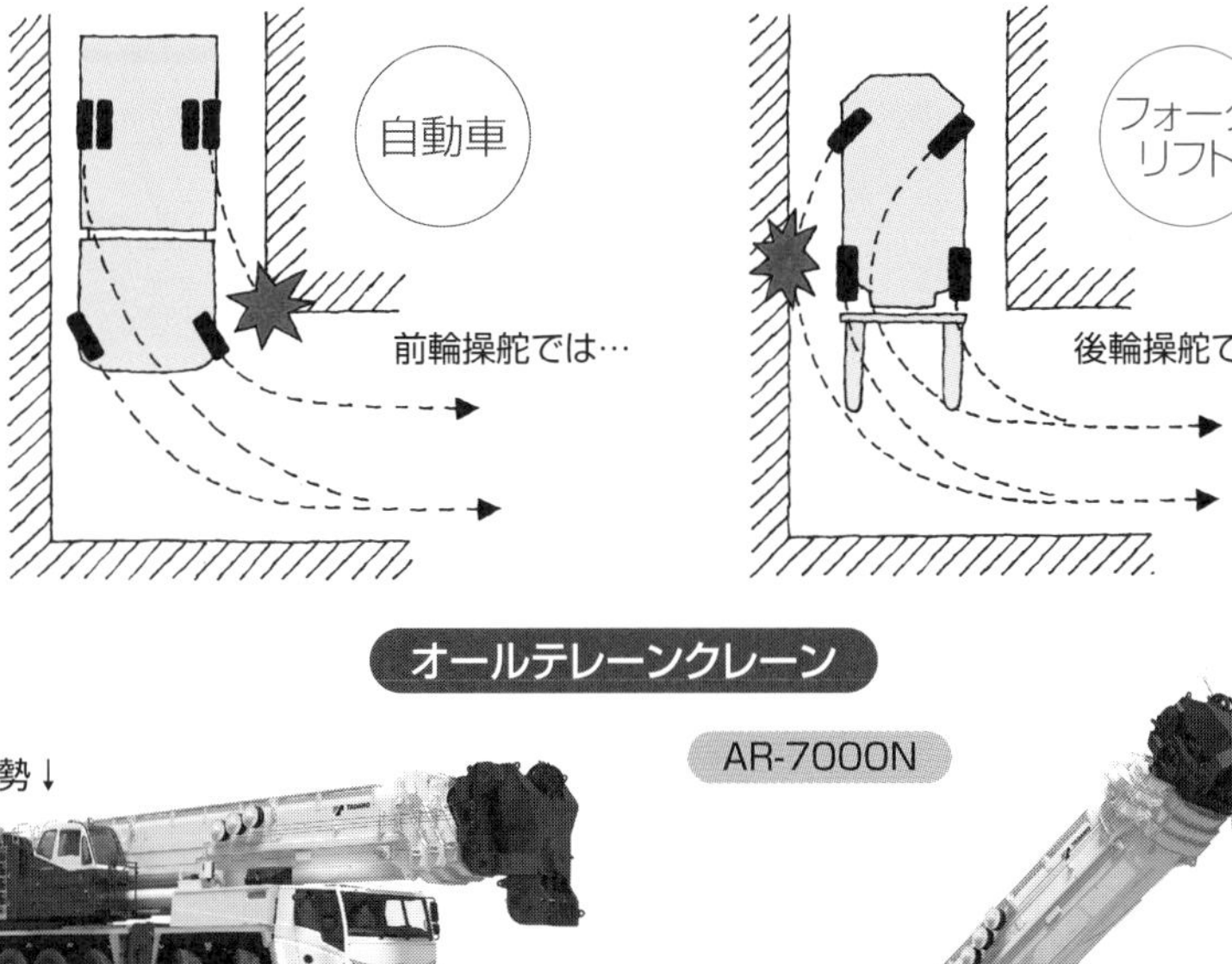

オールテレーンクレーン

AR-7000N

走行姿勢↓

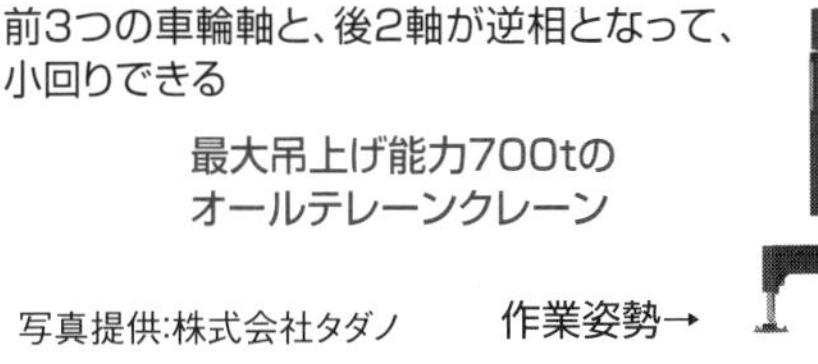

前3つの車輪軸と、後2軸が逆相となって、
小回りできる

最大吊上げ能力700tの
オールテレーンクレーン

写真提供:株式会社タダノ

作業姿勢→

33 重量物を運ぶタイヤ！数と操舵方式が決め手に

自走式多軸台車とステアリング

橋の部材や風力発電のブレード（羽根）など、大きくて重い物を運ぶためには、たくさんの車輪に荷重を分散させる必要があります。PST/SL-E6という自走式多軸台車を見てみましょう。

この機種は、箱構造のセンターフレームとシャシーを、6軸の車軸で支える構造で、それぞれの軸には2本組のタイヤが4個、計8個のタイヤが配置されています。全体として48個のタイヤがあるのです。さらにすべてのタイヤは±135°の角度でステアリング可能で、このため、全車輪を90°にした横方向の移動、斜め方向の一定角度にした斜行、任意の角度での回転など、多彩なステアリングができます。

車幅3m、全長9mの長方形をした床面を持つ車体は、車高1・22mです。油圧によって±300㎜の調整が可能で、路面の凹凸などに追従した調整ができます。また、車体を縦方向、横方向に連結可能です。

株式会社松浦重機では、風力発電機の建設現場まで部材を運搬する特別な多軸台車を導入しています。積載重量200tとなる6軸台車を中央にして、運転席を備えたパワーパック（エンジンユニット）を前部に、積載重量100tとなる3軸台車を後部に組み合わせ、後部にはブレード起立輸送装置を装備可能です。

現場までブレードを運ぶ多軸台車の運搬風景を見てみましょう。風力発電に適した現場までは、林に囲まれた狭い道路を通行する必要がありました。多軸台車はゆっくりとした速度で、絶妙なステアリングによって大きなブレードを運ぶことに成功しました。

東名高速道路の御殿場JCTの現場では、500t以上ある橋桁を多軸台車で運搬する作業が行われました。作業を担うのは、前方に7軸、中央に14軸、後方に7軸の多軸台車です。河川を渡す作業では、多軸台車を対岸で待機させ、橋桁をスライドさせて受け渡しする方法で難関をクリアしていました。

要点BOX

- ●重量のある大型の部材を運ぶための多軸台車
- ●自由度の高いステアリングモード
- ●複数の多軸台車を組合せた運搬方式も可能

自走式多軸台車

PST/SL-E(6軸+3軸)+PFV490(パワーパック):Goldhofer製

多軸台車ならではのステアリングモード

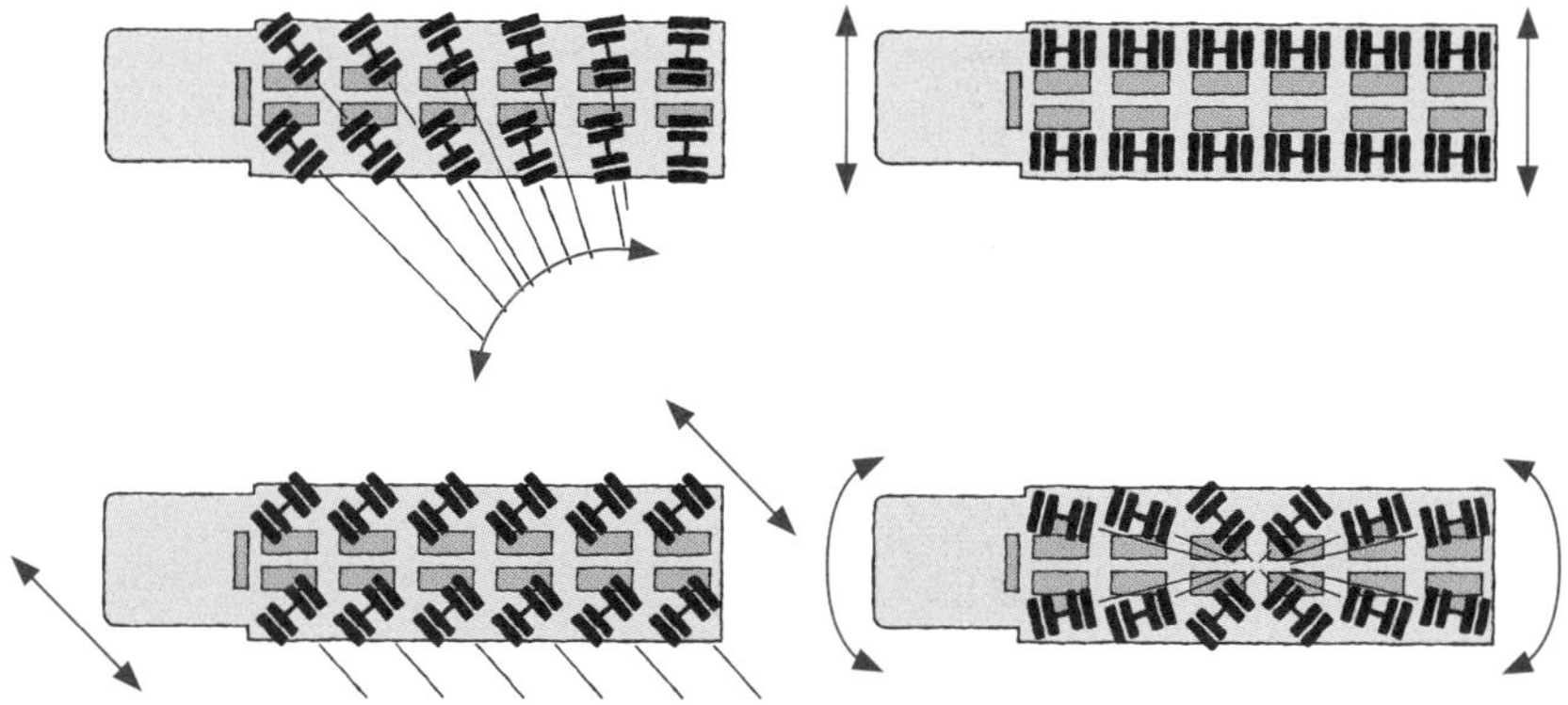

自走式多軸台車

▼ブレード起立輸送装置
による運搬

写真提供:株式会社松浦重機

▼高速道路の架設作業

写真提供:大上祐史氏(ラジエイト)

34 回転性能を高める!

センターピン、アーティキュレート、スキッドステア

　限られた空間で稼働するために、小回りのきく建設機械が求められてきました。

　ホイールローダでは、車体を前部と後部に分割し、鉛直方向の軸となるセンターピンでジョイントする構造により内輪差が解消されています。ステアリングの際に、センターピンを軸にして前部のフロントフレームと、後部のリアフレームが「く」の字型に曲がるのです。ステアリング操作に連動して、油圧シリンダーを用いたステアリングシリンダーによって、屈曲の操作量が調整される機能となっています。このため前輪とほぼ同じ轍を後輪が通過し、旋回半径が小さくなるとともに、悪路や軟弱地での走破性も高めてくれます。また、バケットなど、フロントのアタッチメントの向きを左右に少し変えたいときにも役立ちます。

　車体を屈折させる構造は、「関節」を意味するアーティキュレート式と呼ばれています。水平方向だけでなく、ねじれ方向の動き（ローリング）にも対応したオシレーション機構を持つタイプもあります。

　例えば、アーティキュレートダンプトラック。長いホイールベースによる回転半径をより小さくするために用いられています。不整地でもタイヤが浮くことがなく、しっかり接地することで高い走破性を確保できます。またトンネル内などでの小旋回を行うため、旋回ホイールを備えた機種や、3軸目をシリンダーによって持ち上げて後輪は内側の軸のみとしてホイールベースを短くするトランスバース機構を用いた機種などもあります。

　左右のホイールの回転速度の違いを利用したステアリング方式がスキッド（横滑り）ステア方式です。クローラと同じ操舵方法と言えます。左右のホイールを逆方向に回転することで、車体中心を軸にしたスピンターンとなり、その場で旋回が可能になります。バリエーション豊富なアタッチメントの付け替えも可能で、多用途で活躍しています。

要点BOX

- ●内輪差を解消するアーティキュレート構造
- ●水平方向だけでなく、ねじれ方向にも対応する機構
- ●左右駆動輪の回転差を利用したスキッドステア方式

アーティキュレートダンプ

▼アーティキュレート
機構で連結された
前後フレーム

写真提供:ボルボ建機ジャパン

←オシレーション機構
進行方向に対し、機体の前部と後部が独立して回転するしくみ。地面にうねりや凹凸があっても、全輪が接地できます。

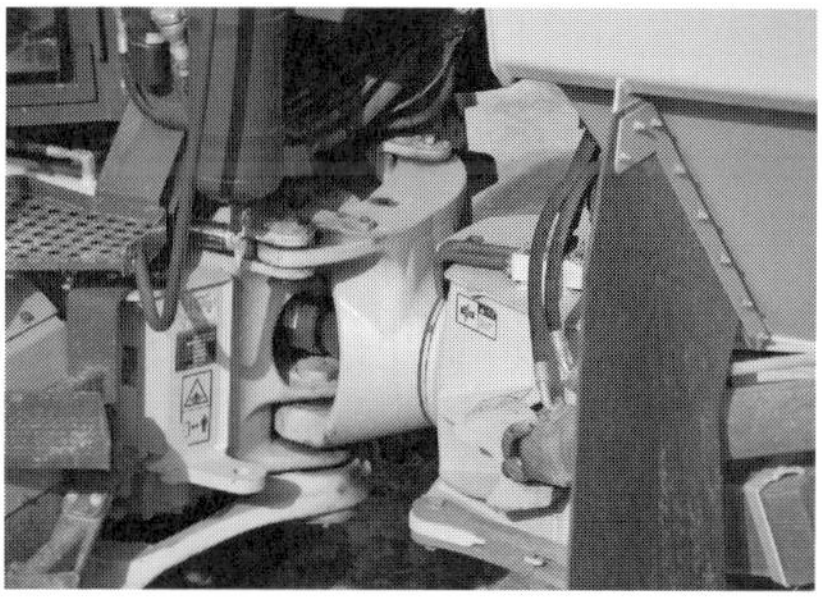

▲前後フレームの連結部
（アーティキュレート機構）　撮影:筆者

▲トンネル内などで小旋回するための
旋回ホイール（特殊仕様）

スキッドステアローダ

写真提供:株式会社ボブキャット

関連ページ　30ユニバーサルジョイント

35 シザースで伸縮する構造

さまざまなタイプの高所作業車

ハサミ状に部材を組み合わせた構造を、シザース構造（レージトング機構）と呼びます。シザースというのは「はさみ状」を意味しています。はさみと同じように、骨組みの交差する部分がピンで結合され可動します。この構造によって伸び縮みできます。収納性を必要とするような場合に役立つ構造で、自動車のジャッキや折畳み椅子などでよく見かけます。腕を伸ばすようにして遊ぶマジックハンドもシザース構造を利用したものです。建設機械では、高所作業車にシザース構造がありました。

高所作業車は、任意の位置に移動し、作業床を昇降しての作業に欠かせません。移動のための走行装置は、ホイールやクローラによる自走式と、トラック式があります。なかでもトラック車体に昇降装置を架装したタイプは、機動性に優れていることから、トンネル内や橋梁での点検・補修のほか、電気、通信、照明工事や道路標識設置などで活躍しています。

シザース構造があるのは、垂直昇降型です。作業床が垂直に昇降するタイプで、屋内で用いるような小型のものも多く見かけます。工事現場で用いる機種は、作業床の広いタイプもあって、これには複数の作業員を乗せたり、積載質量の大きな資材や道具を使うような作業も可能です。

もうひとつのタイプがブーム式の高所作業車です。これには、伸縮ブーム型と屈折ブーム型、混合ブーム型があります。伸縮ブーム型は、ブームが起伏、伸縮し、旋回することができ、作業位置に向かってまっすぐに伸縮できることから直伸式とも呼ばれています。このため、位置決めが容易で、作業床の地上高が高いタイプもあります。屈折ブーム型は、ブームが屈折する構造となっていて、旋回も可能です。電線などの障害物を乗り越えて作業床を奥深くまで進入でき、狭い場所にも効果的です。混合タイプは、作業半径も大きく、遠く離れた位置での高所作業が可能です。

要点BOX

- ハサミ状のシザース構造で伸縮が可能
- 広い作業床を垂直に昇降するのが得意
- ブーム式は起伏、伸縮、旋回が可能

シザース構造

シザース構造は、マジックハンドで
見かける構造

作業床を垂直に
昇降するしくみ
に応用

高所作業車

伸縮ブーム型

スカイマスター
TZ10C1RS

屈折ブーム型

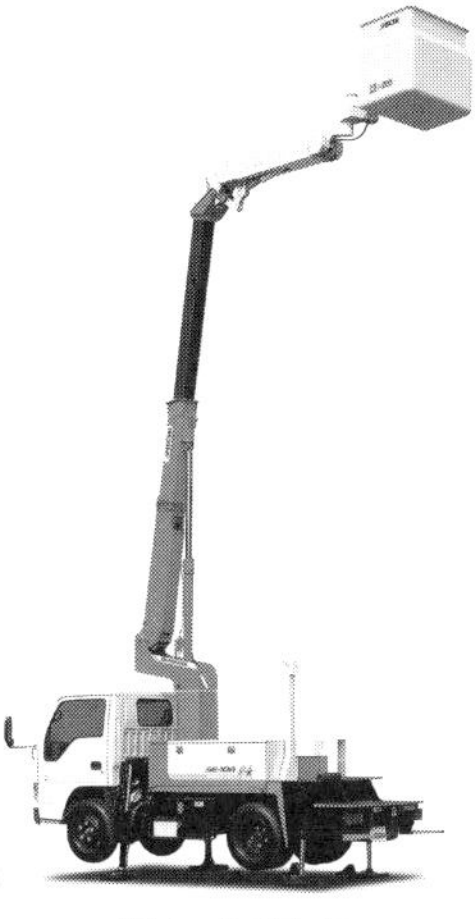

スカイマスター
SE10A

垂直昇降型
（シザース型）

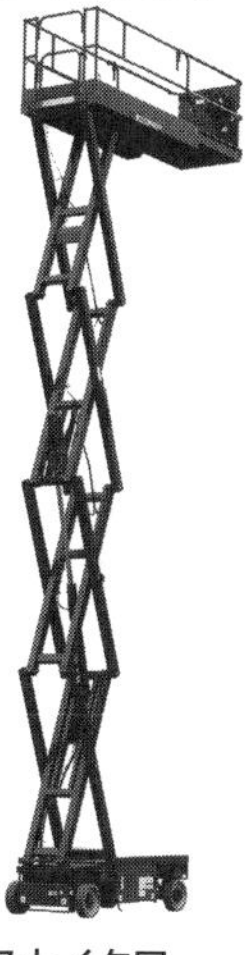

スカイタワー
SV10E1WL

写真提供:株式会社アイチコーポレーション

■垂直昇降型
・シザース構造：はさみ状に交差する支持脚を組み合わせ昇降

■ブーム式
・クレーンのようなブームがあり、起伏・伸縮・旋回が可能

関連ページ 29リンク機構

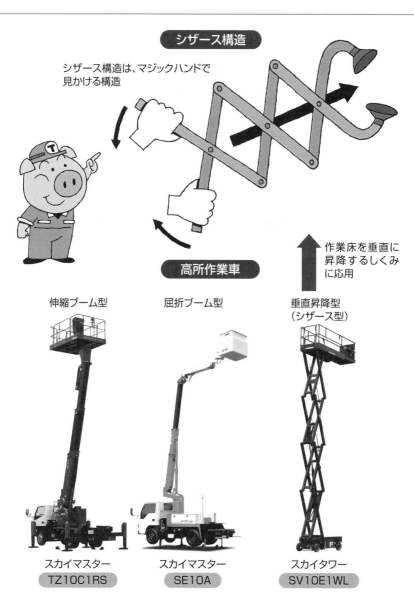

36 テレスコピックで伸縮する構造

クレーンや油圧ショベルなどのブーム構造

テレスコピック（telescopic）は、大きさの異なる箱や筒を組み合わせ、伸び縮みができる構造です。望遠鏡から派生した言葉ですが、カメラのズームレンズやラジオのアンテナにも応用されています。略して「テレスコ」と呼ばれることもあります。テレスコピック構造を持つ建設機械で、私たちが目にすることが多いのはクレーンです。テレスコピック構造をしたクレーンのブームが伸縮する構造の例を見てみましょう。

ラフテレーンクレーン（RK700-3）の例では、油圧シリンダとワイヤロープによって伸縮ができる構造になっていました。基本ブームの内側にある2段ブームは、2段ブーム伸縮用油圧シリンダによって伸びることができます。同じように3段ブームも3段ブーム伸縮用油圧シリンダで伸びますが、この時、4段ブームに取り付けられた伸長用シーブに掛けられたワイヤロープにより、4段ブームが同時に引き出されて伸びます。

オールテレーンクレーン（KMG5130）の例では、内蔵された1本の油圧シリンダが伸縮を担っていました。この方式は、ブームロックピンと油圧シリンダロックピンがポイントです。ブームロックピンが抜かれ、油圧シリンダピンを入れ状態で、油圧シリンダを伸ばすとブームが押し出され、ピン穴位置に達したところでブームロックピンが入ります。次に油圧シリンダロックピンを抜き、油圧シリンダを縮小し根元に戻します。そして、油圧シリンダは次の段のブームと一緒に伸びるといった動作を繰り返します。これによって必要なブーム長さにすることができます。

また、油圧ショベルでもテレスコピック式のアームを備えたタイプがあり、基礎工など深い場所の掘削を得意としています。伸縮する動きは、油圧シリンダ、またはロープ（ワイヤ）などにより、アウターボックスの内側にあるインナーボックスを出し入れしています。

このように、メーカーや機種によって、テレスコピックの伸縮にはさまざまな方法が用いられています。

要点BOX

- ●異なる大きさの箱を組み合わせた構造で伸縮
- ●油圧シリンダやワイヤロープで伸縮する構造
- ●クレーンのブーム、油圧ショベルのアームで利用

テレスコピック構造で伸縮するブーム

ラフテレーンクレーン
RK700-3

オールテレーンクレーン
KMG5130

写真提供:コベルコ建機

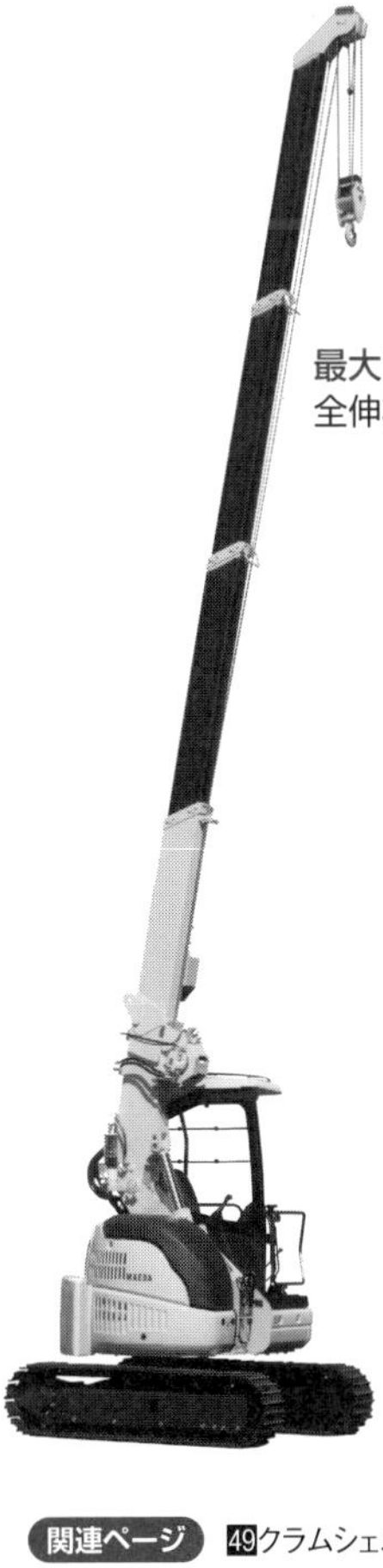

最大ブーム長さ
全伸状態の長さ

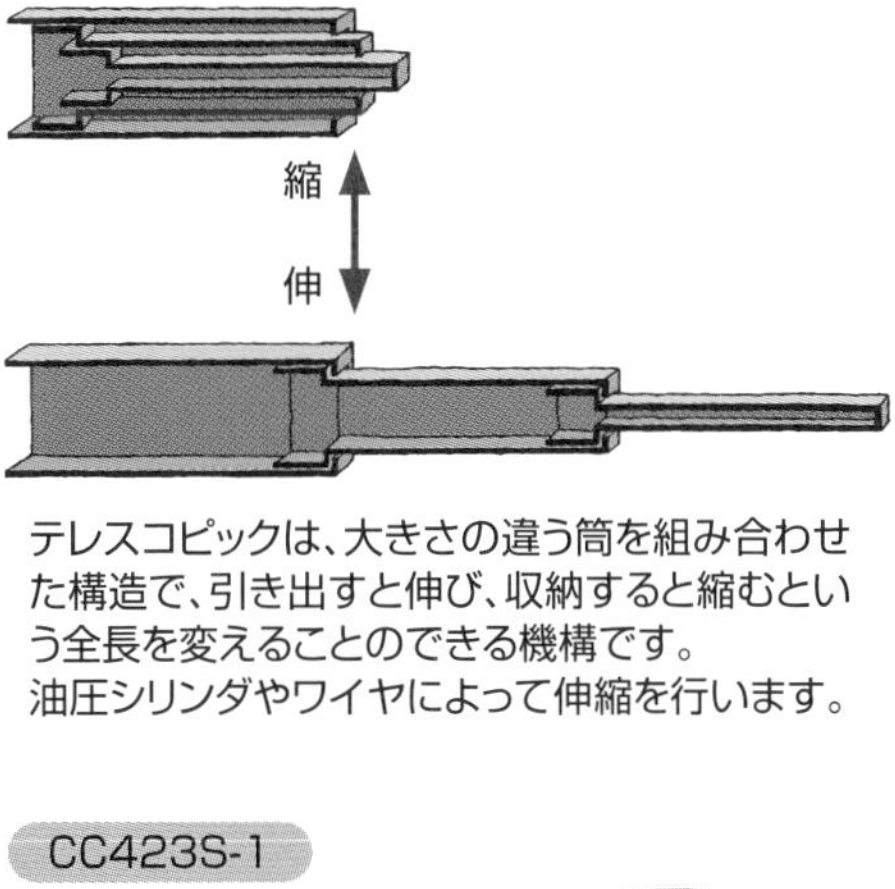

テレスコピックは、大きさの違う筒を組み合わせた構造で、引き出すと伸び、収納すると縮むという全長を変えることのできる機構です。
油圧シリンダやワイヤによって伸縮を行います。

CC423S-1

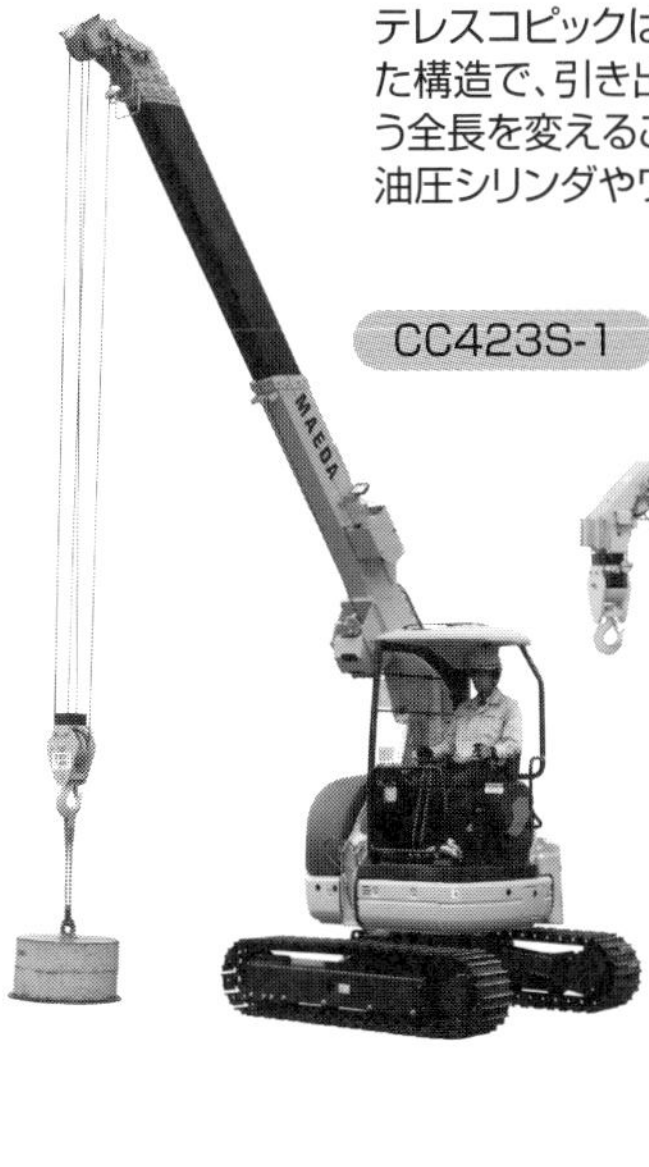

基本ブーム長さ
最も短い状態の長さ

写真提供:株式会社前田製作所

関連ページ 49クラムシェル

37 便利なアタッチメントで用途を広げる(その1)

トラクタ系建設機械のアタッチメント

ブルドーザやホイールローダといったトラクタ系建設機械は、ベースとなる機体は同じであってもアタッチメント(付属装置)によって多用途に使用されています。トラクタの前面に土工装置(ドーザ)を取り付けたものをブルドーザと呼んでいます。この土工装置として良く見られるのがブレード(土工板)です。ブレードを進行方向に直角となるように取りつけたものがストレートドーザ。重掘削作業に適していて、大型機や湿地ブルドーザとして活躍しています。

進行方向に対してブレードを直角以外に傾けることができるのがアングルドーザです。これによって押土をしながら土砂を右または左へ振ることができるようになります。ブルドーザを正面から見たとき、地盤に対して左右の高さを変えられることを、チルトと言います。アングルやチルトを油圧で操作できる機種もあります。

ほかにも、伐根に用いるレーキドーザ、前進時も後進時も作業できるツーウェイドーザ、運搬しやすいバケットを取りつけたバケットドーザなどがあります。

トラクタの後部に取り付けるアタッチメントにリッパがあります。リッパは、岩石やコンクリート、アスファルトなど堅い地盤を掻き起す役割があります。

積込機械として活躍するホイールローダには、実にたくさんのアタッチメントがあります。

土砂などを積み込む通常のバケットのほか、ロックバケット、チップバケット、スケルトンバケットなどがあります。ほかにも木材を運ぶ目的のロググラップル(ロググランプ)や、パレットを持ち上げて運べるパレットフォーク(スライドフォーク)、除雪用のプラウなど、各種のアタッチメントがあります。

トンネルの現場に迫力あるホイールローダがありました。トンネル内は狭いので、すくい上げた土砂を横付けしたダンプトラックに積み込みするため、サイドダンプバケットが装着されていました。

要点BOX

- ●アングルやチルトのできるブルドーザのブレード
- ●リッパはトラクタ後部に取りつけるアタッチメント
- ●ホイールローダには各種アタッチメントがある

ブルドーザアタッチメントの例

▼マルチシャンクリッパ

▼シングルリッパ

写真提供:キャタピラー

▼パワーアングル&チルト

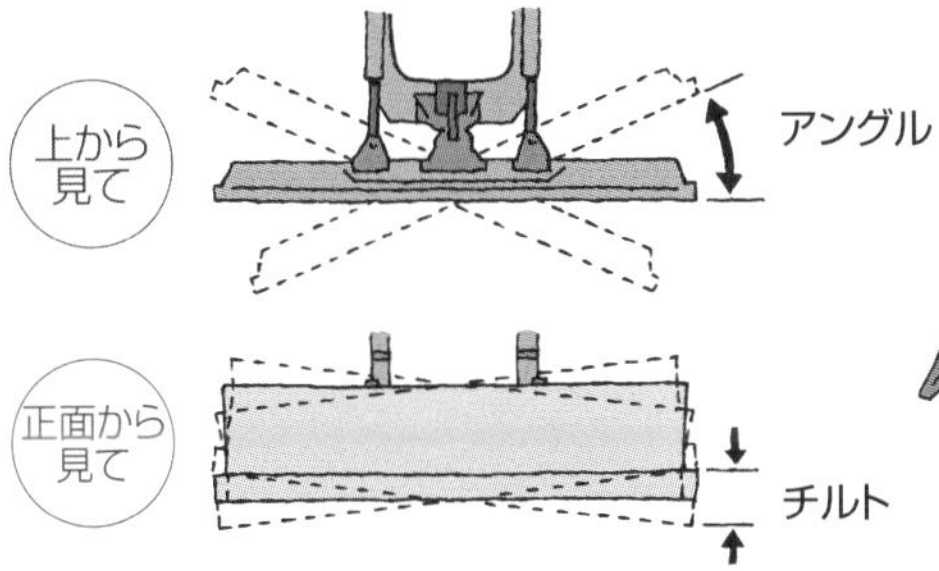

▼レーキドーザ

ホイールローダアタッチメントの例

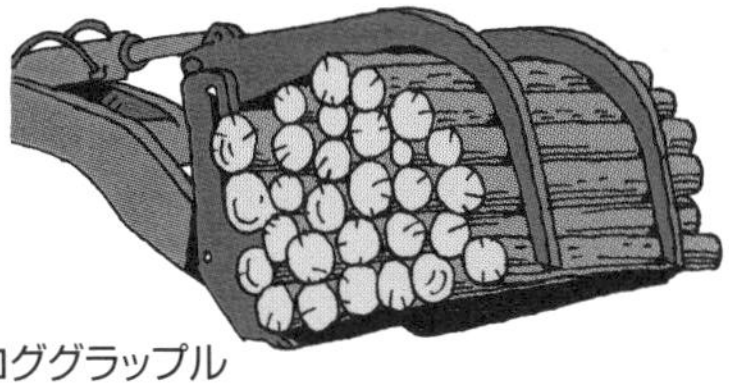

▶ロググラップル

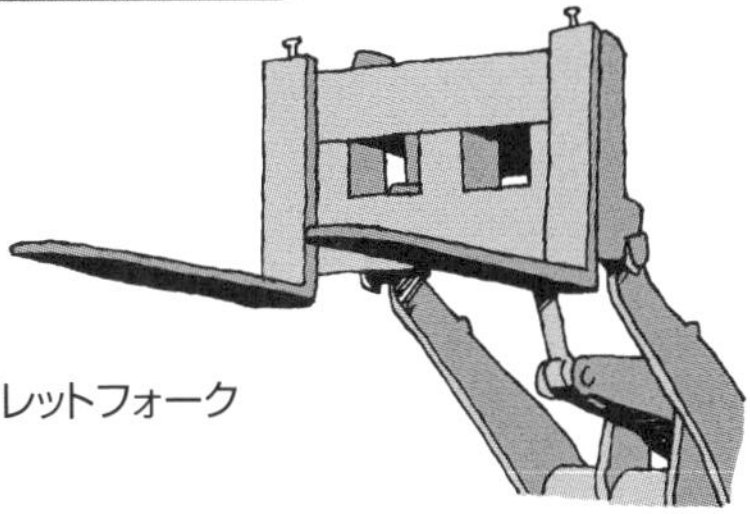

▶パレットフォーク

▼サイドダンプバケット

取材協力:柳沢一俊氏
(西松建設株式会社)
撮影:筆者

関連ページ 7ブルドーザ 11ホイールローダ

38 便利なアタッチメントで用途を広げる(その2)

ショベル系建設機械のアタッチメント

油圧ショベルには、下部走行体と上部旋回体をベースとして、各種のブーム、アーム、バケットをアタッチメントとしたさまざまなバリエーションがあります。

ブームとアームには、標準型のほかに、ショートとロングのタイプがあります。作業条件に応じてこれらを組み合わせることで、効率の良い作業ができます。例えば河川堤防の上に本体を置き、護岸工事を行うようなケースでは、アームもブームも長いスーパーロングフロント仕様を用いることがあります。また、狭い工事現場では、アームが伸縮するテレスコアーム、スライドアームが活躍します。

バケットを反転させて使用する場合もあります。土砂をすくい上げる、土を埋め戻すといった作業に適しています。このほか、瓦礫や大きな石をふるい分けるスケルトンバケット、溝掘りに適した三角バケットや、法面の整形に使われる法面バケットなども良く見かけるタイプです。

令和元年東日本台風は、関東地方、甲信越地方、東北地方をはじめ各地に大きな被害をもたらしました。なかでも長野市内では、堤防の決壊や水没した住宅地、新幹線車両基地の様相がニュースとなりました。被災地で進められた浸水家屋の解体現場ではその形状から「カミカミ」と呼ばれる解体機がフル稼働していました。解体機では、油圧圧砕機がアタッチメントです。鉄骨、鉄筋の切断やコンクリートの大割に適したカッター、コンクリートを小割する圧砕機があります。カニの爪のような構造をしていて、強固な油圧シリンダで構造物を解体していきます。解体された物は、グラップルで挟んで移動し、選別します。

解体の現場では、大きな電磁石を取り付けたリフティングマグネット仕様の油圧ショベルも活躍しています。瓦礫の中から、鉄くずなど金属ゴミを取り分けることができます。作業する場所が見やすいように、運転席を高くしたハイキャブタイプもあります。

要点BOX

- ●ブーム、アーム、バケットの豊富なバリエーション
- ●解体で使われる圧砕機やグラップル
- ●電磁石を備えたリフティングマグネット仕様

油圧ショベルのアタッチメントの例

■スーパーロングフロント仕様

写真提供:コマツ

■テレスコアーム

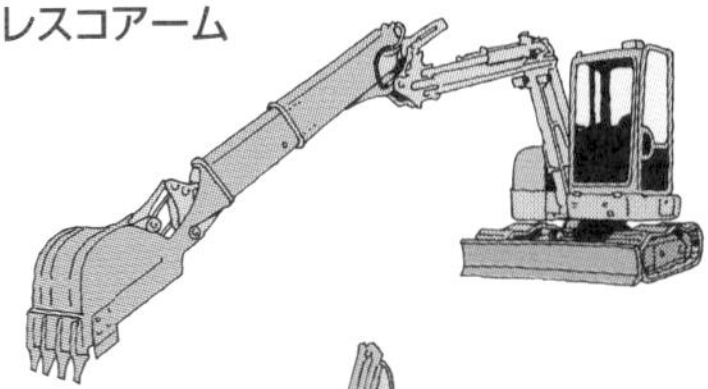

■スライドアーム

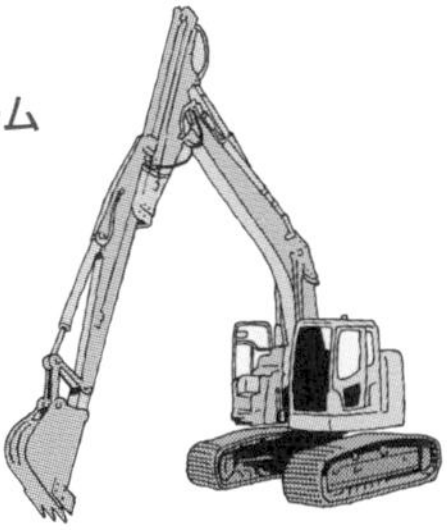

▼リフティングマグネット仕様

写真提供:コマツ

■油圧圧砕機

▼ブレーカアタッチメント(トンネル工事)

取材協力:長野県大町建設事務所、
戸田・鵞澤建設共同企業体
撮影:筆者

▼グラップルアタッチメント(家屋解体)

写真提供:株式会社井上産業

関連ページ　9 油圧ショベル　20 ハーベスタヘッド

39 建設機械のコントロール

クローラやショベルの操作、クレーンの運転席

建設機械で用いられているクローラは、左右の走行レバーとペダルで操縦しています。

走行レバーは、走行する時のローラでは、駆動する走行モータを後方にして、フロント・アイドラを前方にした状態でセットされています。中立（走行停止）の状態にあるレバーは、左右の走行レバーを押し出すと機体が前進し、手前に引くと機体が後進する動きになります。

例えば、左の走行レバーだけを押し出すと、左クローラのみが前進しますので、機体は右に回転する動きになります。これをピボットターンと呼びます。また、左右の走行レバーを逆にすると、左右のクローラが反対の動きで、スピンターンのすばやい動作になります。

油圧ショベルの運転席には、左操作レバーと右操作レバーの2本があります。それぞれを、前後、左右に倒すことで、バケット、アーム、ブーム、旋回の操作を行うことができるしくみになっています。

最新式のクレーン車の運転席を見てみましょう。

GR-250N（タダノ）は、自走するための運転席を兼ねていますので、自動車と同じハンドル、アクセルペダルなどを備えています。クレーン操作情報や、各種操作設定などは、リアルタイムに可視化されて大型のマルチファンクションディスプレイに表示されます。表示面は、感圧式タッチパネルで作業効率が向上しています。さらに、車両を上から見た周囲の画像や、車両左側面の人物検知装置の表示、ブーム先端カメラの映像など、安全性を向上させる機能が盛り込まれています。

シートの両サイドには、アウトリガの張出し、ブームの起伏や伸縮、ウインチなど、クレーン操作に必要なレバーやペダルがあり、これらは、電気式操作システムにより、従来の油圧パイロット操作式に比べて、操作性が向上しています。

要点BOX

- 左右のレバー、ペダルで操作するクローラ
- ブーム、アーム、バケットを操作する左右のレバー
- 自走するための装置を備えたクレーンの運転席

クローラのコントロール

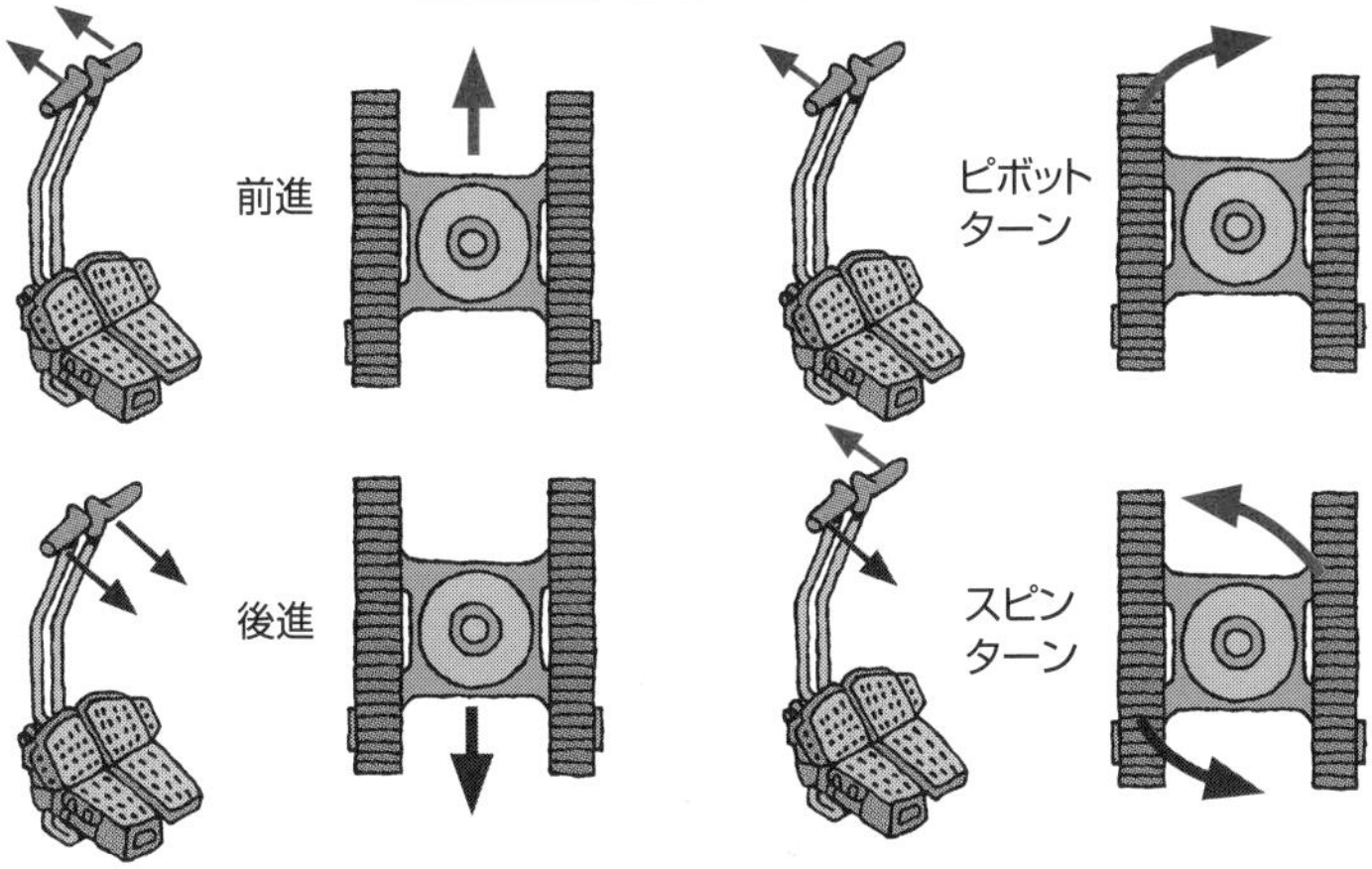

油圧ショベルのコントロール

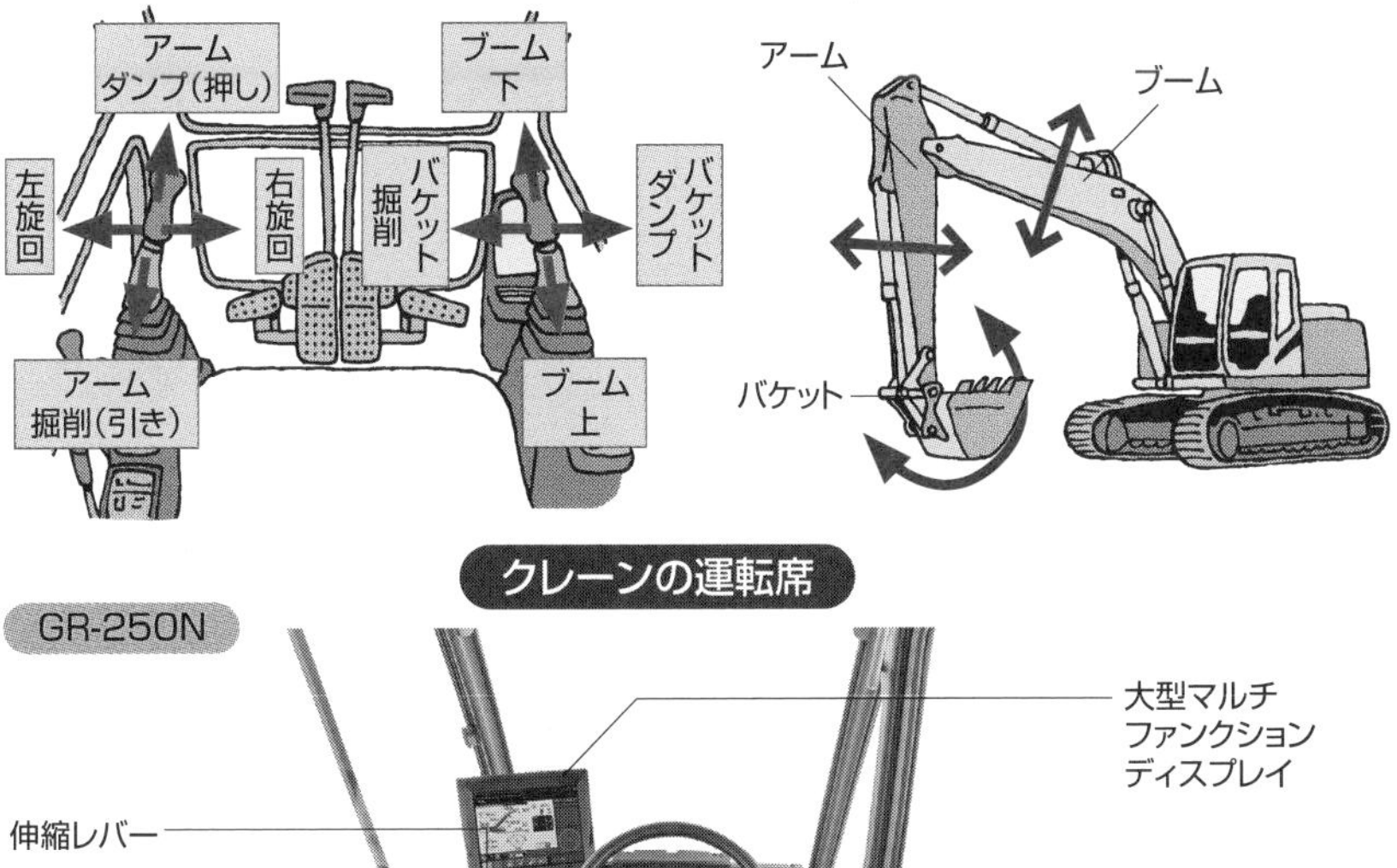

クレーンの運転席

資料提供:
株式会社タダノ

関連ページ 7 ブルドーザ 9 油圧ショベル 31 クローラ 41 クレーンのアウトリガ構造

40 建設機械の正確な制御技術

ICT（情報通信技術）の発展はめざましく、建設の世界でも大きな技術革新につながっています。

令和元年東日本台風で被害を受けた小学校のグラウンドを復旧する工事現場では、ブルドーザと締固め用のローラが稼働し、舗装工事を行っていました。整備中のグラウンドがすっきり見えるのは、たくさん設けられているはずの丁張がわずかしかないためです。

従来では、設計された地点ごとの造成高に正確に仕上げるためには、人力で測量しながら設置する丁張が不可欠でした。しかしこの現場では、トータルステーション（距離を測る光波測距儀と、角度を測るセオドライトとを組み合わせた測量機械）が、建設機械を追尾し、その地点での高さを制御してくれるのです。

ICTを活用した建設は、すでにさまざまな工事で実用化されています。測量の分野では、ドローンや地上レーザースキャナを用いた三次元の計測が可能です。こうしたデータは設計にも生かされ、三次元での設計成果を作成することができるようになってきました。三次元データを用いてICT建設機械を可動させるのです。施工中の監理や完成後の検査も三次元データをもとにしますので、建設工事のプロセス全体を合理化することが可能です。こうしたICTを用いたプロセスは、i-Constructionと呼ばれています。

ICT建設機械は、位置を計測しながら油圧を制御するフルオートのMC（マシンコントロール）と、計測したデータをオペレーターに知らせ誘導するMG（マシンガイダンス）の2タイプがあります。

ブルドーザや油圧ショベル、モータースクレーパ、締固め機、アスファルトフィニッシャなど、さまざまな建設機械がICTに対応するように開発され、実用化しています。

ICTの活用により、現場での生産性が向上するとともに、労働災害の防止、そして労働力不足への対応などの効果が期待されています。

ICTの発展

要点BOX

- 三次元の測量、設計データをICT建設機械が共有
- フルオートのMC、マニュアルによるMG
- 一連の事業プロセスi-Constructionの普及と発展

ICT：Information and Communication Technology（情報通信技術）

測量　ドローンや地上レーザースキャナ（TLS）による三次元の計測に発展

↓

設計　従来の二次元の図面（平面図、縦断図、横断図）から、三次元の設計データに発展

↓

施工　設計図に合わせた丁張や作業、出来形の確認を、三次元データによる建設機械の自動制御で合理化に発展

MC マシンコントロール
Machine Control
建設機械の位置を計測し、システムが油圧を制御、自動でコントロール

MG マシンガイダンス
Machine Guidance
建設機械の位置を計測し、表示･誘導によりオペレーターの操作をサポートするシステム

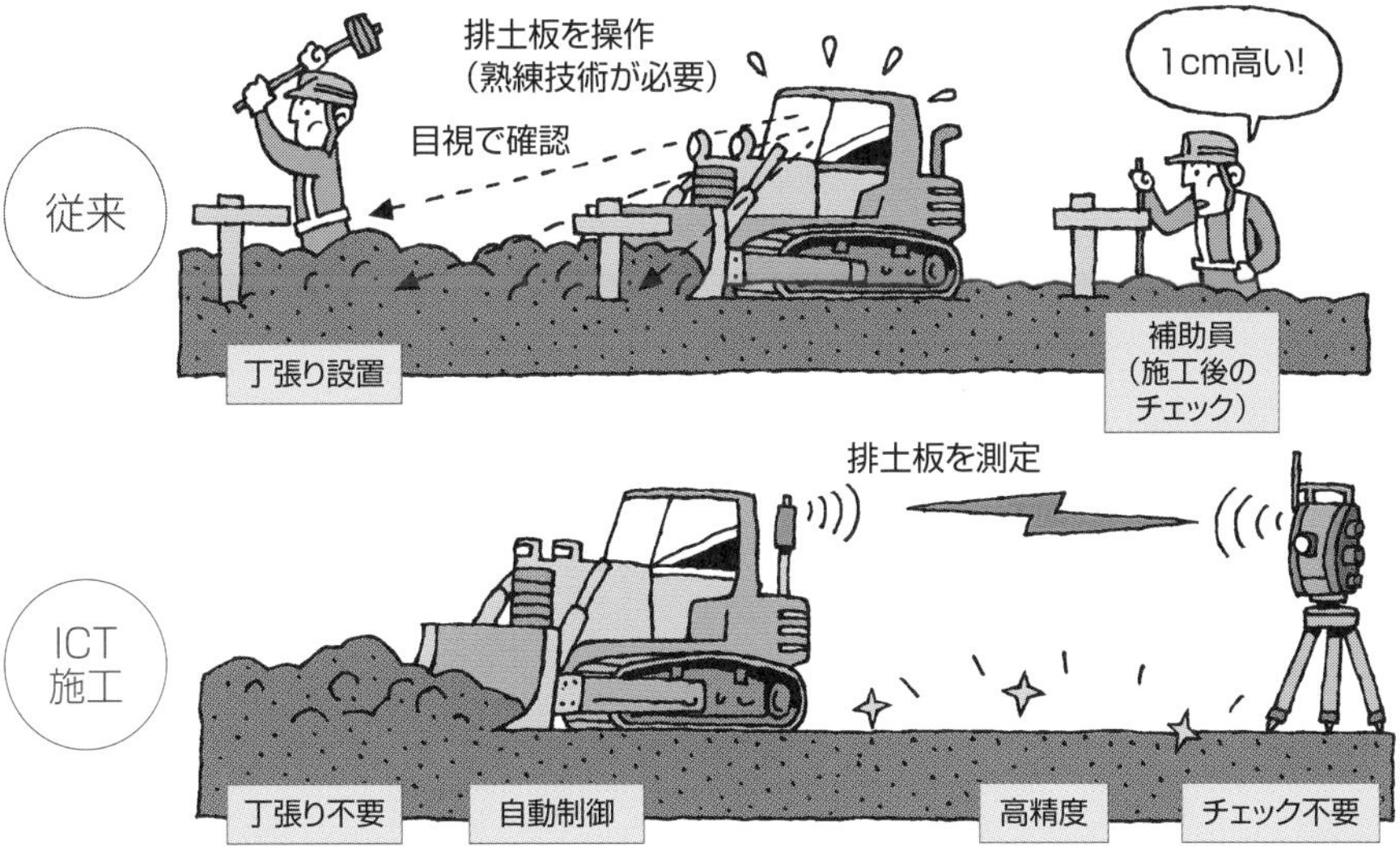

▼トータルステーションによるICT施工

取材協力:信州林業株式会社
撮影:筆者

▼バックホウのICT施工(デモ)

取材協力:長野県長野建設事務所、
更水建設工業株式会社
撮影:筆者

関連ページ　63遠隔操縦と自律稼働

オールマイティな建設機械

過酷な現場でも多用途に活躍できる、オールマイティな建設機械があります。

4輪多関節型作業機械と呼ばれているスパイダーです。油圧駆動で独立制御が可能な脚があり、本体とホイールを連結することがユニークな特徴です。この構造によって、急傾斜地や河川、森林など、さまざまな地形条件での作業を可能にしています。さらに登坂能力45°（1対1）を誇り、通常の建設機械では立ち入れない急斜面でも移動しながら作業ができます。キャビンを水平に保つ機能もあります。

4脚を最大に伸ばすと、水深2.2mまでの作業が可能（M545X）。小型の機種（M220）は9つのパーツに分解でき、ヘリコプターで運搬できます。山や海、川でも活躍してくれます。

■4輪多関節型作業機械 スパイダー（Menzi Muck社製、スイス）

↑M220

↑M545X

写真提供:株式会社サナース

オールマイティなバケットの動きができるチルトローテータにも注目です。

バケットをアームに対し45°まで傾け（チルト）、水平方向に360°回転（ローテート）できる先端アタッチメントが特徴です。これにより、機械を走行させることなく法面を整形することや、複雑な溝掘り、障害物を避けながらの整地、玉掛け不要の荷役など、通常の油圧ショベルでは困難な作業にも対応できます。

■チルトローテータ

SK55SR-6E
+アタッチメント（engcon社）
写真提供:コベルコ建機

第5章

安全第一！
建設機械の安全対策

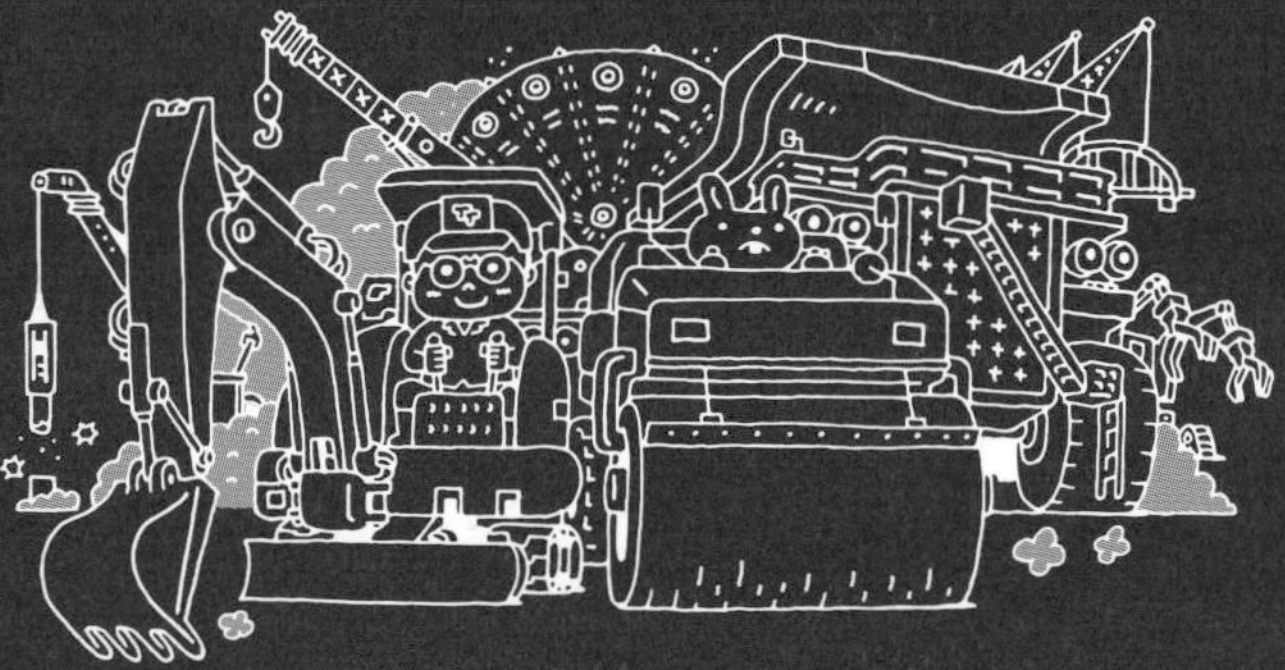

41 転倒防止に不可欠なふんばり!

H型とX型のアウトリガ構造

アウトリガは、船の転覆を防ぐために船体の横に装着する浮きのことですが、船に限らず安定性を増すために側部に突き出した装備も意味しています。建設機械でアウトリガが目立つのはクレーン車です。

クレーン車で用いられているアウトリガには、H型とX型があり、車体の最前部と最後部に備えられています。

H型アウトリガは、クレーンのブームと似た箱型構造です。アウトリガアウタボックス（外箱）の中にアウトリガインナボックス（内箱）が収納されており、車両の左右に張り出せます。先端にはジャッキアウタボックスが外箱となり、内箱としてジャッキインナボックスが収められています。ジャッキインナボックスは油圧によって上下に伸縮できるので、地盤にしっかり先端を付けることができます。また、地面の設置面積を広げるために、フロートが取り付けられています。H型のアウトリガは、拡張して設置する位置が明確で、配管や縁石、低い植栽などをまたいで設置できる利点があります。

X型アウトリガは、車体の端部を支点に取りつけられた1本のアウトリガアウタボックスが、油圧ジャッキシリンダによって対角方向に地面に向けた角度を付け、スライドシリンダで地面にしっかり接地させます。もう1本のアウトリガは、これと左右逆に設置され、X字型となります。X型のアウトリガは、車体下部から対角方向に斜めに張り出すため、車体外への張出が少なく、また足場などの障害物の下を通すような狭い現場でも設置が可能です。

どのタイプのアウトリガも、できるだけ長く張り出した方が安定しますが、現場の条件に対応できるように、最小張出や中間張出が設置できるようになっています。また、安全な作業のためには、作業する地面をしっかり確認し、場合によっては鉄板を敷くなどの対策をします。

要点BOX

- ●転倒を防止する役割のアウトリガ
- ●H型とX型の2種類あるアウトリガの構造
- ●移動時にはアウトリガを車体下部に収納

アウトリガの張り出し方式

X型アウトリガ

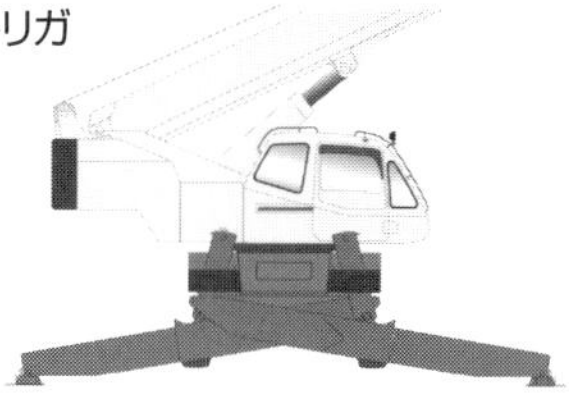

H型アウトリガ

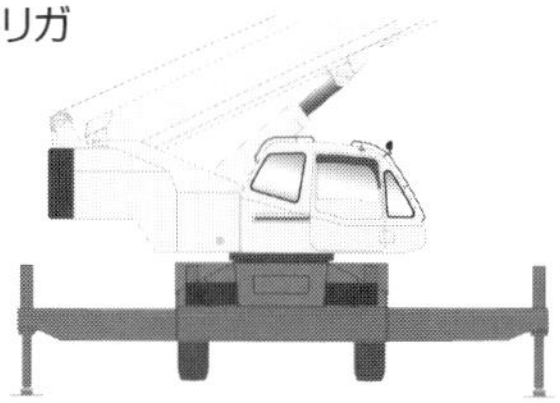

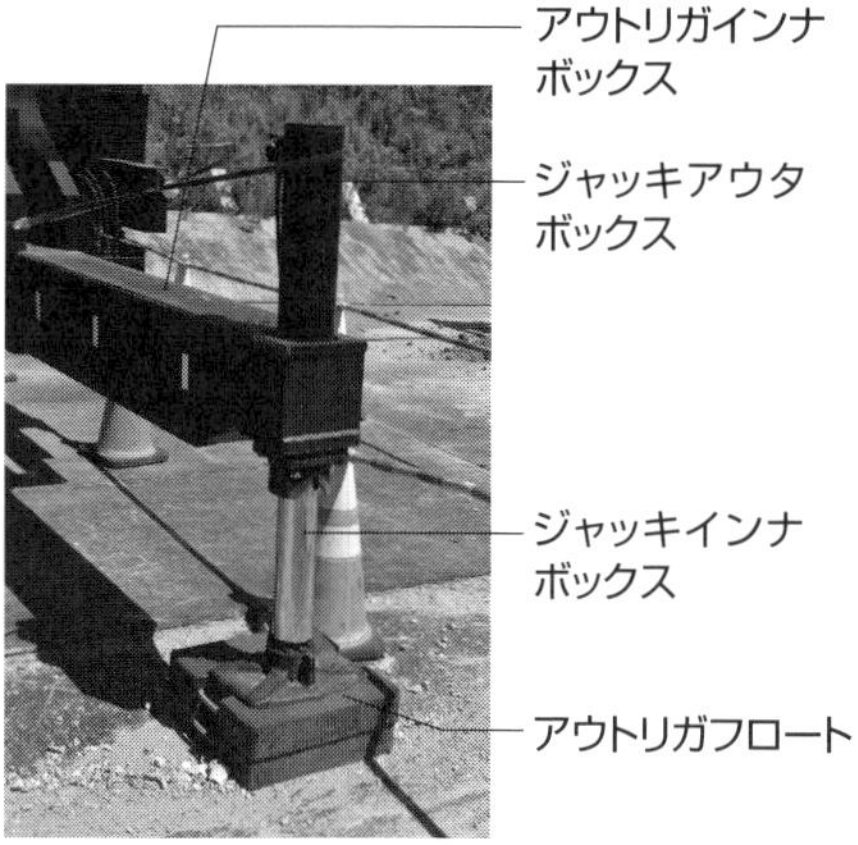

取材協力:長野県北信建設事務所、北野建設株式会社
撮影:筆者

▼X型アウトリガを張り出した状態

▼H型アウトリガを張り出した状態

▼X型アウトリガ格納状態(走行時)

GR-130NL

▼H型アウトリガ格納状態(走行時)

GR-600N

写真・資料提供:株式会社タダノ

関連ページ 39クレーンの運転席

42 オペレーターの保護と快適性の向上

オペレーターの保護構造 ROPS FOPS OPG…

最近の建設機械には、生産性、経済性、環境対応、操作性、安全性、情報化施工など、さまざまな高度な性能が求められています。なかでも、安全性については、周囲の人に対する配慮とオペレーターの保護が必要です。

油圧ショベルの運転席で安全性を見てみましょう。油圧ショベルは、不整地や瓦礫などといった不安定な場所での作業があったり、地面から下を掘削する作業で足元の地盤が崩壊してしまったりと、転倒事故が発生する危険性があります。また、上部からの落石や解体作業での破砕物の飛来など、運転席に直接被害が生じる事故も想定されます。

こうした事故を未然に防いだり、万が一の事故の際に影響を最小限にするための規格が定められています。運転者保護構造としては、6t級以下のミニショベルにはTOPS（横転時保護構造：Tip-Over Protection Structure）、6tを超える油圧ショベルにはROPS（転倒時保護構造：Roll-Over Protection Structure）、という性能基準があります。

SH200（21t級）の運転席は、ROPSに適合した安全なキャブが組み込まれています。成形スチールパイプを骨組みにして、背面には厚板、頭上は角形パイプで補強された構造です。オペレーターの頭上への落下物から保護するためのFOPS（落下物保護構造：Falling Object Protective Structure）、運転席の前や上から飛来落下する物体から保護するためのOPG（運転員保護ガード：Operator Protective Guards）といった装備でさらに安全性を高めることもできます。

PC1250（120t級）にも安全性の高いキャブが組み込まれています。これらの最新の油圧ショベルには、ICTにも対応するための液晶ディスプレイが備えられており、機体周辺をモニタ表示することもできます。

要点BOX

- ●転倒でおしつぶされないようにするROPS、TOPS
- ●頭上の落下物から保護するFOPS
- ●前面や頭上の飛来落下物から保護するOPG

高強度で安全性の高いキャブ

ROPS適合のキャブ

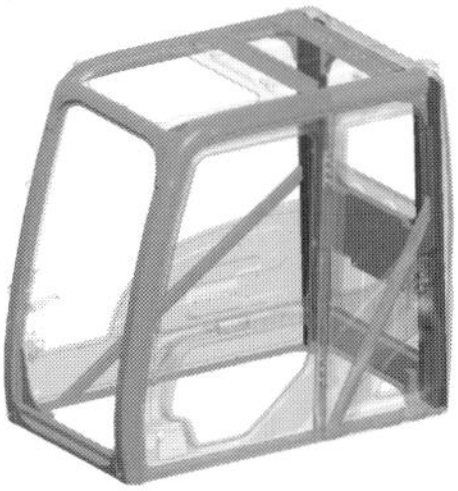

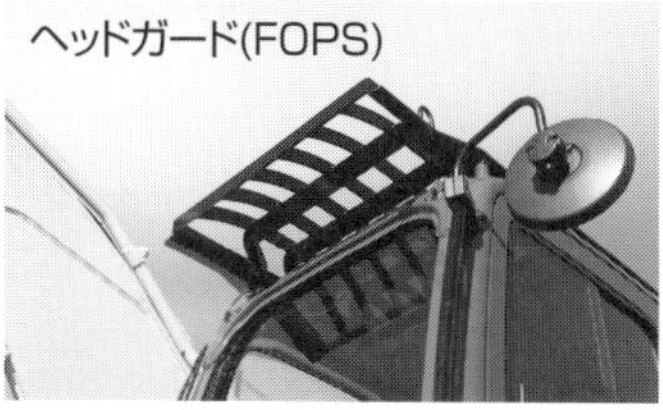

ワイドな視界と新型モニタ(右前方)による
優れた情報伝達性能

写真提供:住友建機株式会社

↑幅広いワイドキャブ。アームレストがありリクライニングもできるシート。フルオートエアコンや多機能オーディオも備えるなど、オペレーターの快適性が向上している機種もあります。

→さまざまな情報やスイッチ類が並ぶ液晶ディスプレイ

▼快適な操縦席と液晶ディスプレイモニタ

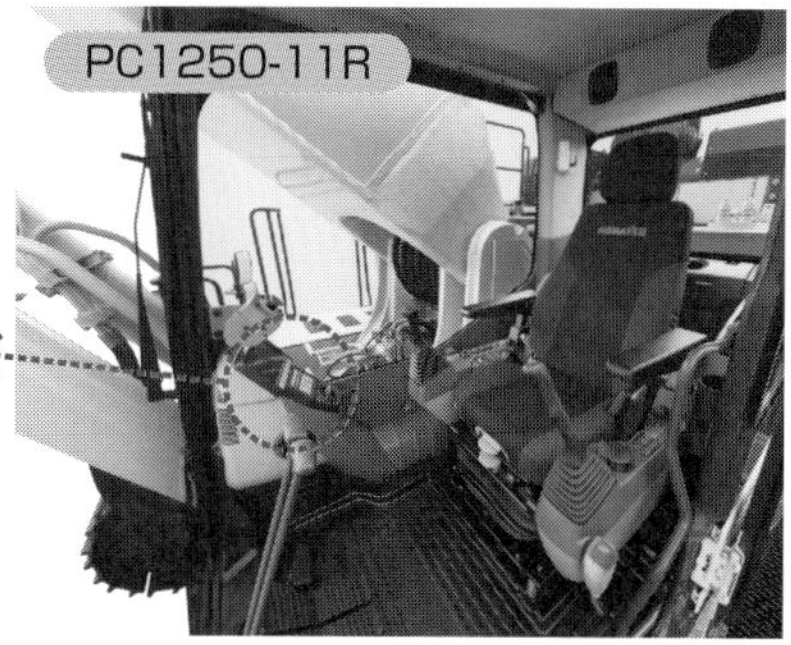

写真提供:コマツ

関連ページ 43危険を知らせるしくみ

43 危険を知らせるしくみ

センサや警報装置、運転支援装置

建設機械が関わる死亡事故では、転倒によるものが最も多い傾向にありますが、轢かれ・挟まれによる事故も約半分を占めています。こうした事故を防止するためには、前方のみならず死角となる後方もしっかりと確認できる車体周囲認識や、走行レバーや旋回レバーに連動した警報装置などによる周辺への注意喚起が重要です。

最新の機能を装備したSH200-7（住友建機）を見てみましょう。運転席に座ると、とてもワイドな視界が確保されているキャビンであることがわかります。窓を広くすることや、ウィンドウォッシャのついたワイパ、曇り止めのデフロスタを装備することも作業の能率が上がるだけでなく、安全性の向上と事故防止につながります。またスイッチパネルとともに高画質の液晶モニタがあり、燃料計や水温計、湯温計、省エネ運転に役立つ燃料ゲージのほか、ワイパやウォッシャ、走行切替、作業灯などのスイッチパネル、警告メッセージなど、さまざまな情報が表示されます。

機体の後端部に取り付けられたカメラの映像は、後方視界270度をカバーする上空視点でのモニタ表示をすることができます。また、周囲のカメラ映像を解析して、人がいると判断した場合にはモニタ表示や音による注意を促すしくみになっています。ある一定の範囲内に人がいる場合には黄色表示と1回警告音、さらに接近していると判断した場合には赤色表示と複数回の警告音といった情報伝達も可能です。

さらに、安全ベストを着用した人を反射物検知方式により高精度に検知し、機械が接近した際には減速したり、停止できる衝突軽減システムも搭載されており、事故防止を支援しています。

こうしたさまざまな安全性を向上させるシステムが、オペレータを支援することで、事故のリスクを低減できるのです。

要点BOX

- 事故防止には、車体周囲認識と周囲への注意喚起が重要
- 後方カメラ映像の表示と解析で人の接近を警告
- 作業員を検知して減速、停止する衝突軽減システム

高強度で安全性の高いキャブ

ワイドな視界も作業安全性を高める上で重要

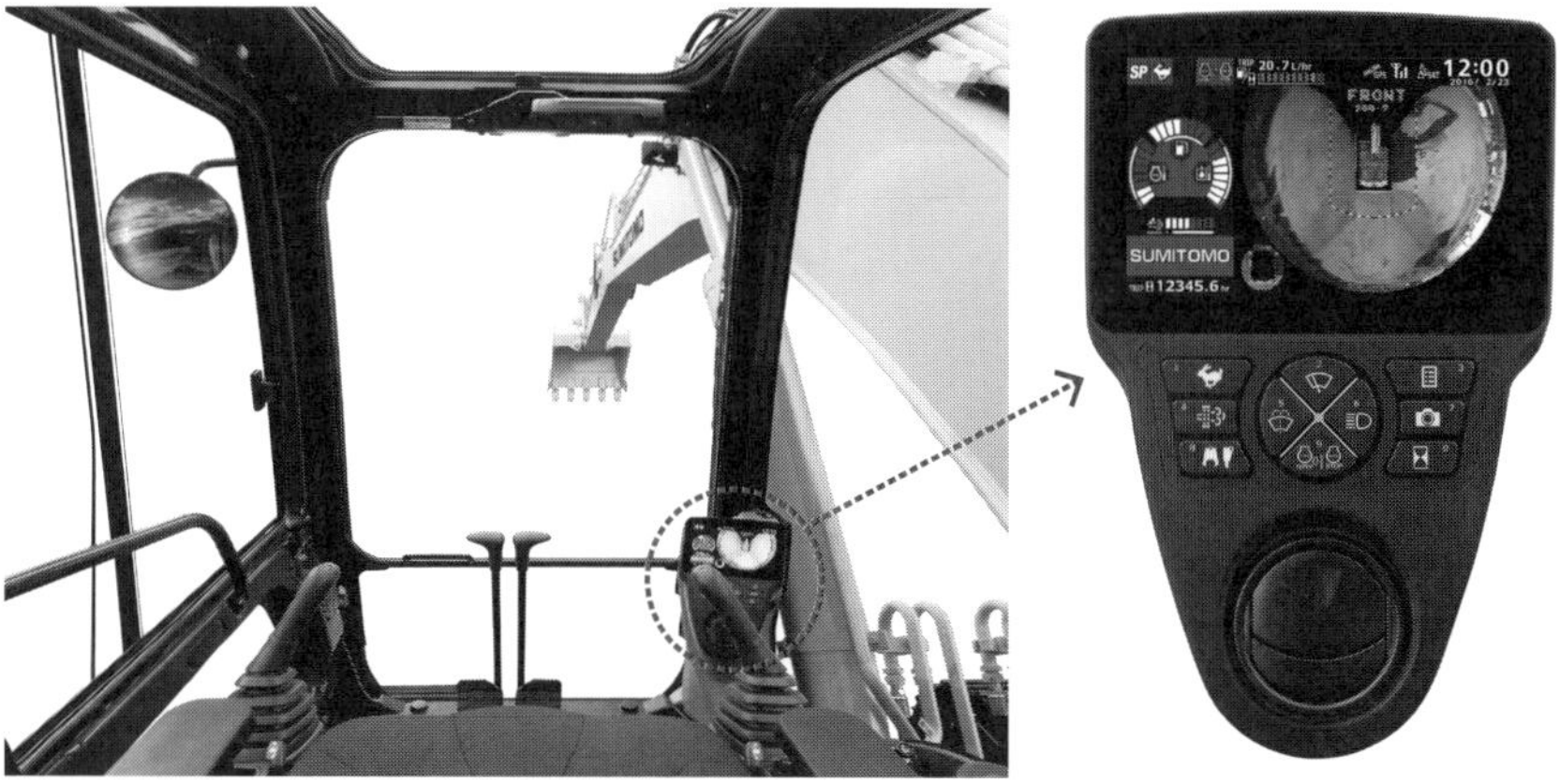

SH200-7

発色の良いLEDライトをキャブ上など各所に配置し、周囲を照らすことができる。

機械本体の後方視界270度を上空視点でモニタ表示できる。
(照射はイメージです)

■接近感知システム

カメラ映像が解析され、人がいると判断した場合にモニタ表示と音で注意することも可能。

■衝突軽減システム

安全ベストを着た人を高精度に検知。機械が人に接近し危険を検知した場合には、自動で減速、停止する。

写真・資料提供:住友建機株式会社

注意　このような装備による機能は、完全に危険を回避するものではなく、危険回避を支援するシステムです。また、すべての油圧ショベルに装備されているものではありません。

関連ページ　42オペレータの保護

44 排気ガスや騒音を低減する環境保全技術

排出ガス低減や低騒音技術

日本では、大気汚染防止のため、公道を走行しない特殊自動車（特定特殊自動車）に対する排出ガス規制である『特定特殊自動車排出ガスの規制等に関する法律（オフロード法）が、2006年に施行され、種別（出力帯別）に段階的な規制が開始され、現在2014年基準として規制が強化されてきました。特にディーゼル特殊自動車については、粒子状物質（PM）や窒素酸化物（NOx）の排出量を9割削減することが目標とされています。このような規制強化によって、トラック、バスなどの排出ガス低減技術を転用するなど、独自の技術開発が行われました。

大型ホイールローダを例に、環境保全の技術を見ましょう。エンジンは電子制御され、各システムとの連携により燃費を向上させています。なかでもオートアイドルストップ機能や稼働終了後のエンジン自動クールダウン、オートマチックアクセルなどの機能で、燃費低減と排出ガスを削減します。尿素SCRシステムも特徴的です。このシステムは、排気ガス浄化技術のひとつで、NOxを効率的に除去します。これは、アンモニアが窒素酸化物と化学反応することで、窒素と水に還元されることを応用したもので、火力発電所や船舶の排気ガス処理システムをトラック、バスなどの大型商用車用に開発した技術でもあります。

超低騒音を実現した建設機械もあります。ホイールローダWA100アーバンサイレンサー（コマツ）です。このマシンには、車体内のエンジンや油圧機器などの騒音発生源を収納する車体内に吸音材を配置したり、アンダーカバーなどによる密閉遮音構造による騒音軽減や大型タンデムマフラーによる排気音抑制といった特徴があります。また、特殊制音材を用いた低騒音バケットにより、土砂のすくい上げ、積込み時などの際の騒音を大幅に低減しています。

要点BOX

- ●オフロード法で排出ガスの規制が強化
- ●排出ガスをクリーン化する技術
- ●超低騒音を実現する遮音構造と特殊マフラー

排気ガス低減技術

搭載されているエンジンと
排出ガス処理システム

尿素SCRシステムのしくみ

- 尿素SCRシステムは、酸化触媒とSCR触媒、尿素水噴射装置などで構成

①前段酸化触媒によりPMを除去
②尿素水を噴射することでアンモニアとSCR触媒の働きにより、NOxを無害な水(H_2O)と窒素(N_2)に分解

写真提供:キャタピラー

尿素SCRシステムのメカニズム

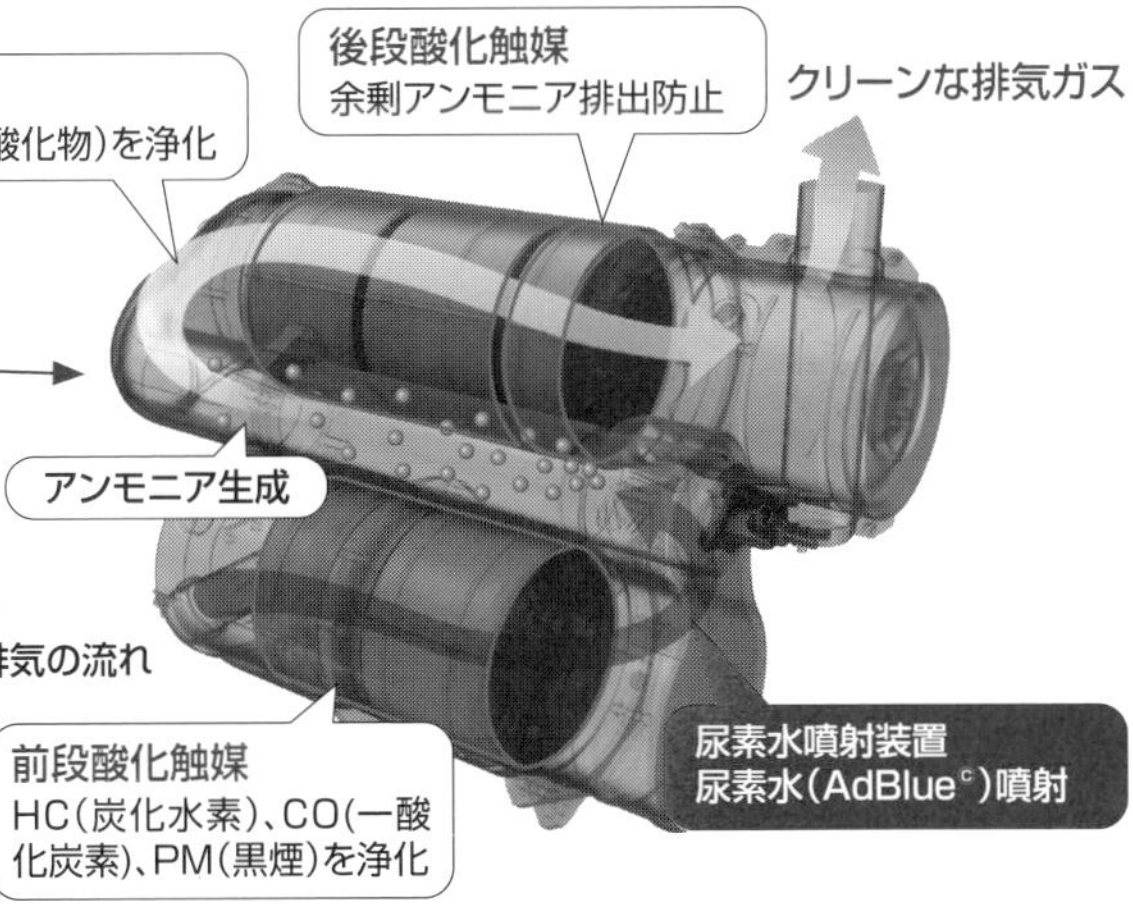

写真・資料提供:住友建機株式会社

すごく音の小さいホイールローダ
(アーバンサイレンサー)

WA100

写真:コマツ

関連ページ 61ハイブリッド建機

45 遠隔操作で作業する建設機械

災害現場の遠隔操作と無人ダンプトラック

1990年、雲仙・普賢岳の噴火により、大規模な火砕流や土石流が発生しました。この大規模火砕流によって大きな被害を受けた水無川では、建設機械の遠隔操作技術が活用された復興工事の様子が、注目を集めました。この現場は、公募による6社によって、各社の技術を結集した実証試験の場でした。

人も立ち入れない警戒区域の中、画像通信機などを用いながら、オペレーターによる遠隔操作で、土砂除去や谷止工(砂防ダム)が建設されました。特に土石流が河川にあふれると周りに大きな影響がでることから、土砂を除去し、流れの道筋を整えなければなりません。ここでは、バックホウやブルドーザ、ブレーカ、ダンプトラックが無人で活躍しました。

超硬練コンクリートを使ったRCC工法による谷止工では、油圧ショベルの掘削で堆積した土砂を型枠代わりに盛り上げ、トラックで運搬されたコンクリートをブルドーザで敷き均し、振動ローラで締め固める、といった一連の作業を無人で繰り返してダムを構築しました。

世界の鉱山では遠隔操作が実用化されています。2008年からコマツにより商用導入された「無人ダンプトラック運航システム(AHS)」により、チリ、オーストラリア、カナダ、ブラジルの現場では、巨大な無人トラックが稼働しています。合計260台以上の巨大なダンプトラックによって、累計総運搬量は30億トンを達成しました。

鉱山現場向けの無人ダンプトラック運行システムは、鉱山現場から遠く離れた中央管制室より、高精度GPSや障害物検知センサ、各種コントローラ、無線ネットワークシステム等を搭載したダンプトラックの運行管理を行い、完全無人稼働を実現させています。同社では、世界中の約55万台の建設機械から、位置や稼働情報を収集し、車両監視や管理、分析するシステムも市場導入して開発にも活用しています。

要点BOX

- 雲仙・普賢岳の災害復旧の現場で遠隔操作を実証
- 鉱山では無人ダンプトラック運行システムが実用化
- 世界規模での建設機械のマネジメントも可能

雲仙普賢岳での無人化施工

AHSと超大型油圧ショベル
(米国アリゾナ州)

写真・資料提供 コマツ

建設機械を組み合わせる

建設機械は、単独で稼働することもありますが、複数のマシンが協力しながら作業を行うことも少なくありません。

また、建設機械とオペレータだけでなく、人力の作業も同時に行う場合もあります。

その一例として、舗装工事を見てみましょう。

■たくさんの建設機械や作業員が活躍する舗装の現場

写真提供:株式会社アスペック

■不陸整正、路盤工

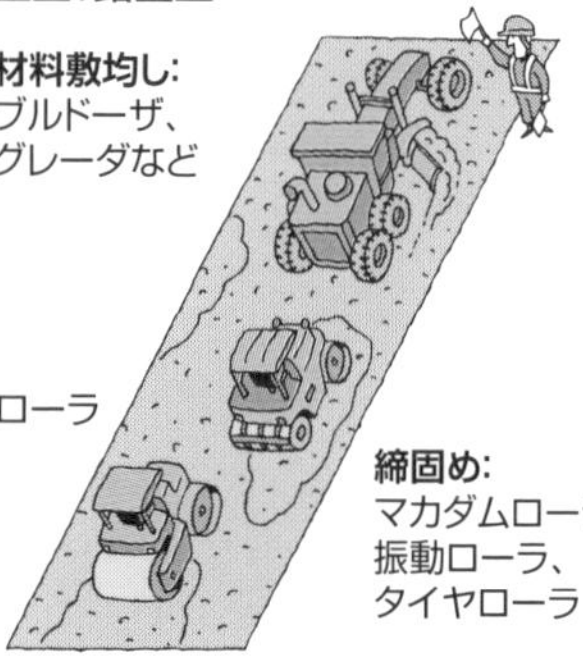

▼締固め機械だけでも、用途によってさまざまな機種が使われます

写真提供:日立建機

■アスファルト舗装工

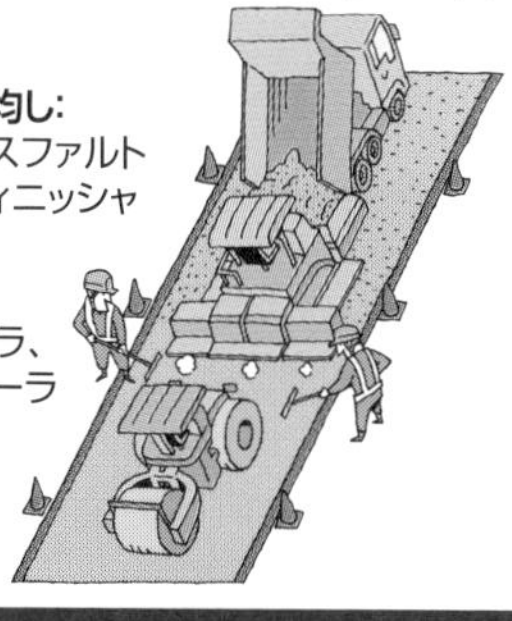

第6章

現場で活躍する建設機械たち

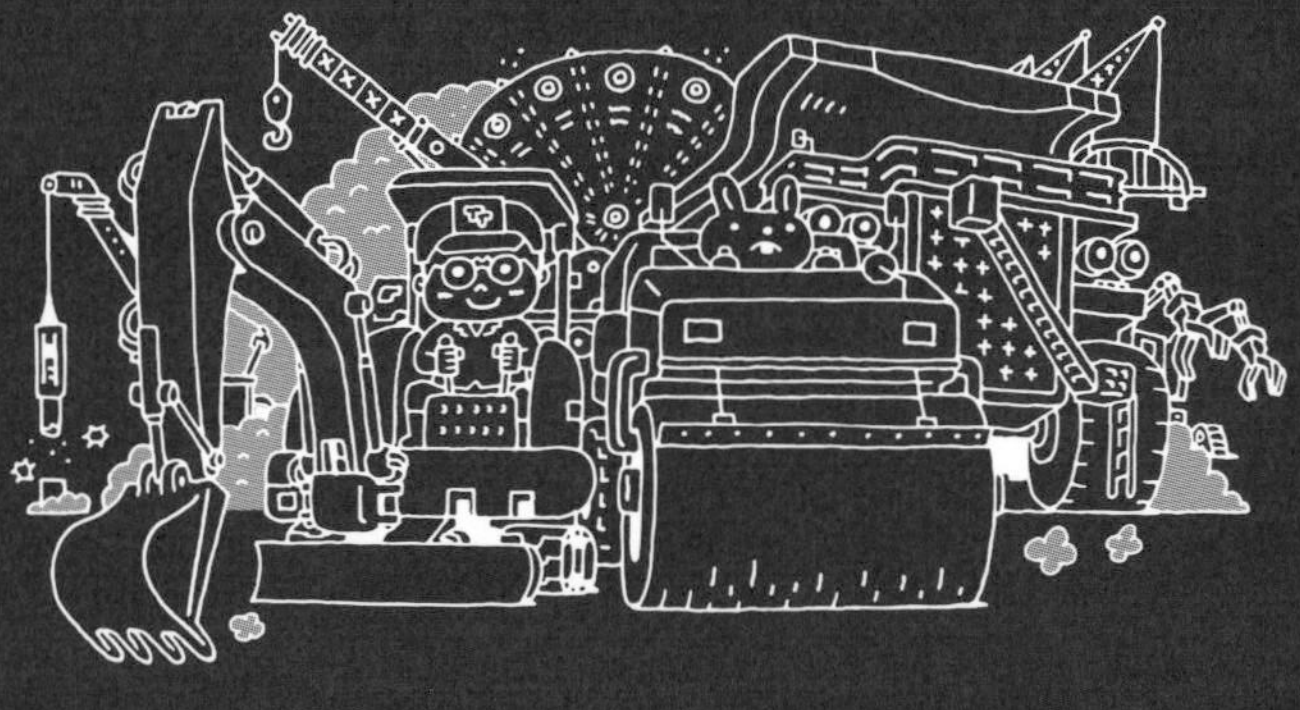

46 トンネル掘削に威力を発揮するマシンたち！

ドリルジャンボ、自由断面掘削機の仕事

トンネルの工事現場では、普段目にすることの無い建設機械が活躍しています。トンネル工事では、切羽と呼ばれる掘削面を崩しながら掘り進める必要があります。その方法には、ダイナマイトなどの爆薬を使った発破掘削と、機械による機械掘削の2つの方法があります。発破掘削ではドリルジャンボ、機械掘削では自由断面掘削機（ブーム掘削機）が主役です。

ドリルジャンボは、削岩機（ドリフタ）を備え、岩盤を穿孔します。ドリフタの先端で「歯」の役割となるビットが効率的に穿孔できるように、ドリフタでは回転だけでなく推力と打撃力を加えています。切羽のどこに穿孔するかは、施工条件等から発破設計で決まります。例えばあるトンネル工事の一断面では、切羽に95㎝の間隔で136本、1.5mほどの穿孔作業をしていました。その孔すべてにダイナマイトを入れて爆発させ、硬い岩盤を崩していました。

削岩機は、1885年に足尾銅山に輸入品が導入されたものが日本での最初と言われています。1914年に国産の削岩機が開発され、その後のトンネル需要の高まりとともに大型化し、ドリルジャンボへと発展しました。1968年公開の映画「黒部の太陽」では、木製の台車に削岩機を取り付けた「ジャンボ」が登場する場面が描かれています。

自由断面掘削機は、上下左右に首振りができるブームを備え、その先端のボーリングビットを回転させて切削します。自由断面掘削機が開発されたのは、1950年頃のハンガリーと言われていますが、日本では1961年の羽幌炭鉱への導入が最初で、1968年に国産1号機が開発されました。

掘削された切羽の周辺は、地山が露出して崩れやすいため、すぐにコンクリートが吹き付けられ、円弧状の鉄骨を組み立てたうえで、さらにコンクリートを吹き重ねます。この作業には、エレクタ付コンクリート吹付機が活躍します。

要点BOX

- ●爆薬を装填する穴の穿孔にドリルジャンボが活躍
- ●ぐりぐりと切羽を削る自由断面掘削機
- ●地山の崩落を防ぐエレクタ付吹付機能

ドリルジャンボ

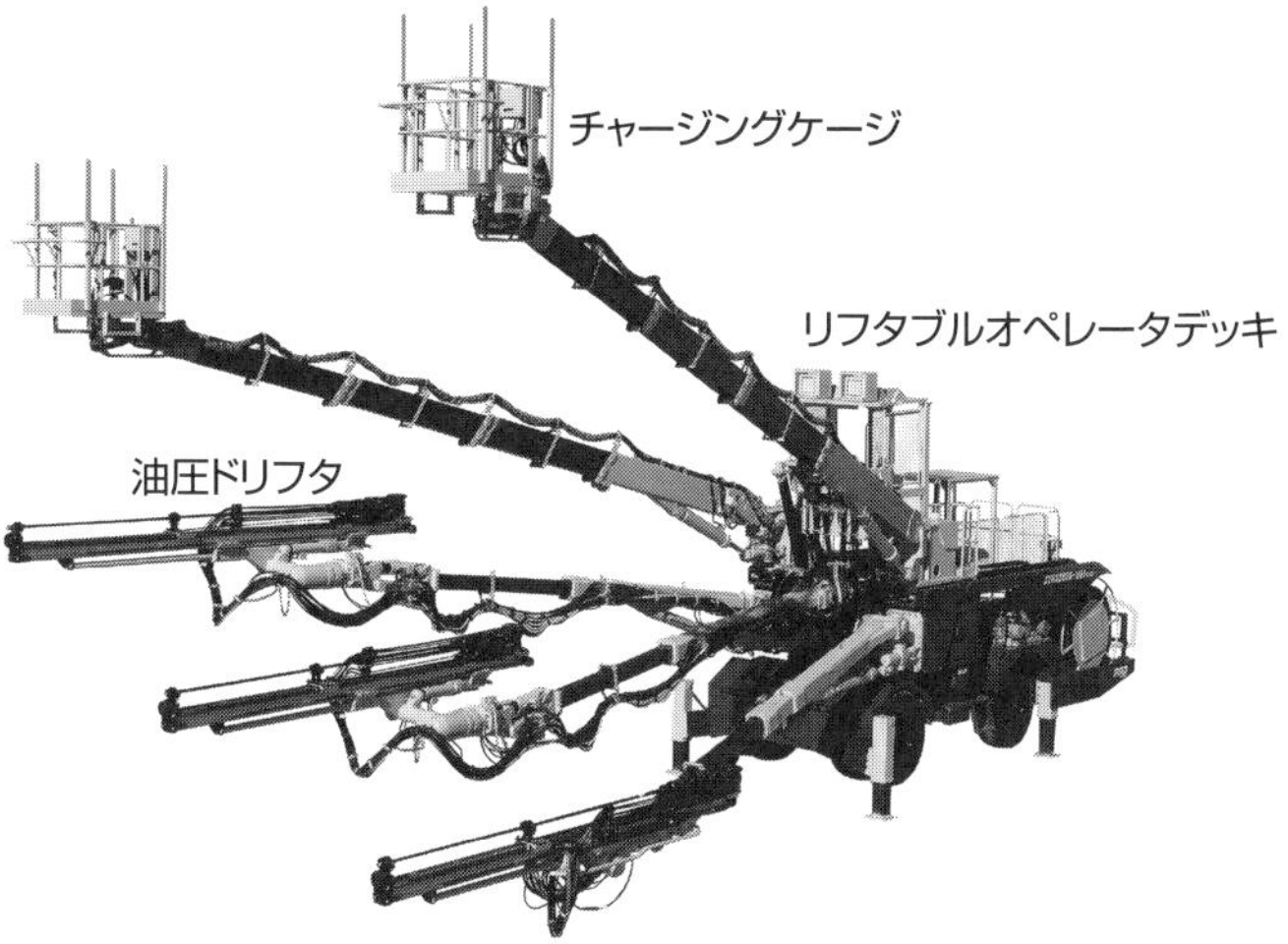

エレクタ付コンクリート吹付機

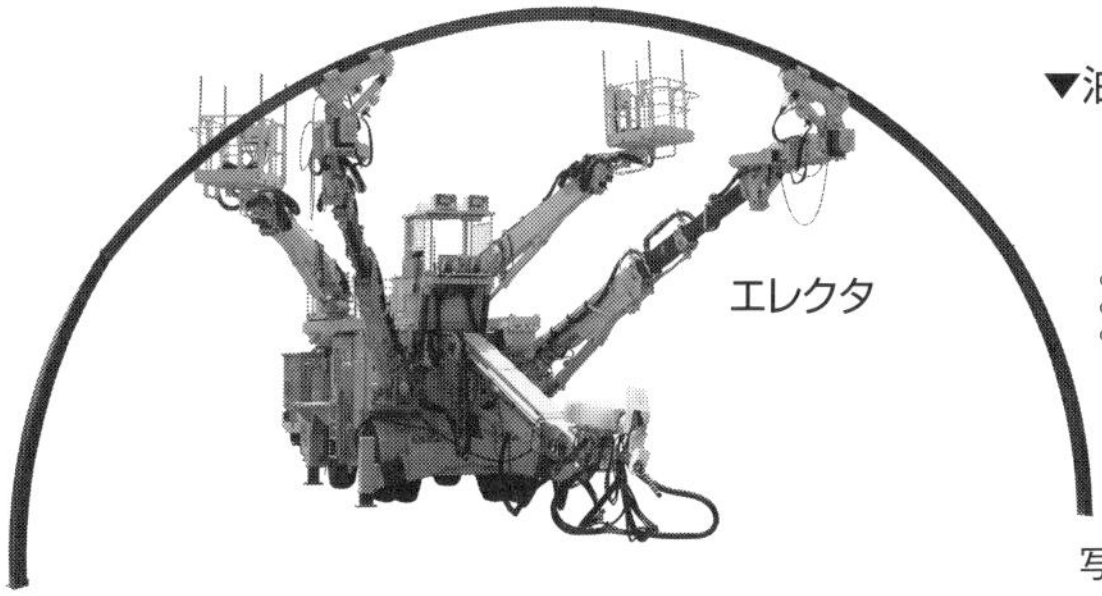

▼油圧ドリフタによる穿孔の基本原理

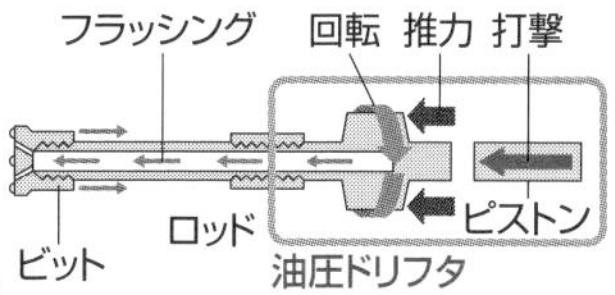

写真・資料提供:古河ロックドリル株式会社

▼ドリルジャンボでの穿孔作業

取材協力・写真提供:
柳沢一俊氏(西松建設株式会社)

▼自由断面掘削機

取材協力:長野県大町建設事務所、
戸田・岡谷・鷲澤建設共同企業体
撮影:筆者

関連ページ 【第6章コラム】日本の各地で活躍する建設機械(ドリルジャンボ)

47 平坦な路面の舗装を作るために

アスファルトフィニッシャの仕事

きれいに仕上がった平坦な舗装にするために使われるのが、アスファルトフィニッシャです。アスファルトフィニッシャは、ダンプトラックなどの材料運搬車からアスファルト混合物を受け取り、敷き均す建設機械で、走行方式の違いから、クローラ式とホイール式の2タイプがあります。

進行方向側に大きく口を開けているように見える部分がホッパです。この部分に材料運搬車から混合物が補給されます。ホッパは、前部にエプロンと左右のウイングで構成されています。ウイングは、油圧シリンダで水平から60°程度まで傾斜でき、材料を中心部のバーフィーダに集めます。左右独立してエプロンの開閉ができる機種もあります。

バーフィーダは、ホッパ内の材料を後部にあるスクリュースプレッダに供給するコンベアです。スクリュースプレッダの役割は、スクリュー軸の回転によって、スクリード装置の全幅にわたって均一に敷き広げることです。

スクリード装置は、広げられた混合物を一定の高さに均して締固め、平坦にします。この時、「コテ」の働きをしてくれるのがスクリードプレートです。この部分は、左右2枚に分かれていて、横断方向の勾配を直線や山折り、谷折りすることができます。また、舗装幅を調整できる伸縮機能を持つ機種もあります。さらに、タンパ式や振動式の締固め機構や、加熱するヒータも備えられ、混合物の締固めや平坦な仕上げを担っています。

スクリード部分は、本体中央下部のピボットからレベリングアームによってつなげられています。レベリングアームの後端には、シックネスコントロールが取り付けられ、スクリードプレートの角度を変えることで舗装厚の調整ができます。

ICT（情報通信技術）を活用した3Dマシンコントロールシステムの実用化により、スクリードの高さなどが自動制御できるようになりました。

要点BOX

- ●クローラ式とホイール式の2タイプ
- ●アスファルト混合物を受け取るホッパ
- ●“コテ”の役割をするスクリードプレート

アスファルトフィニッシャ

HA60C-8

HA60W-10

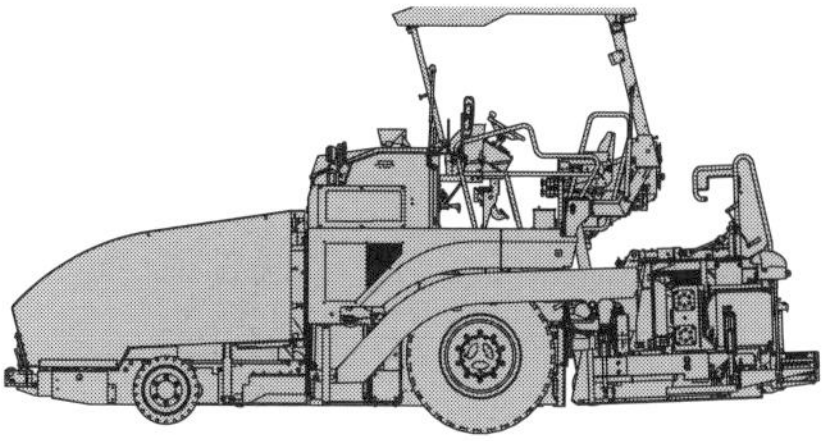

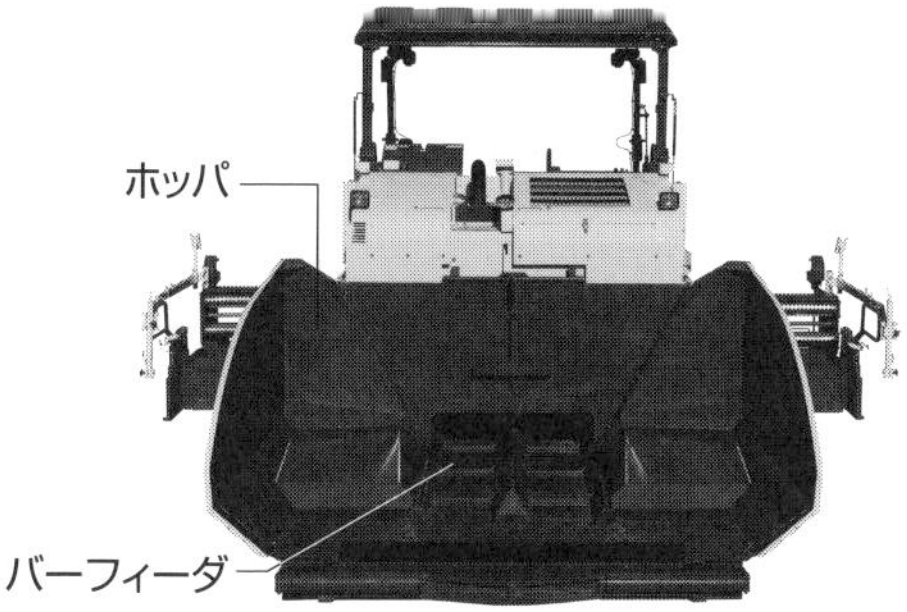

左右独立開閉機能を持つホッパ

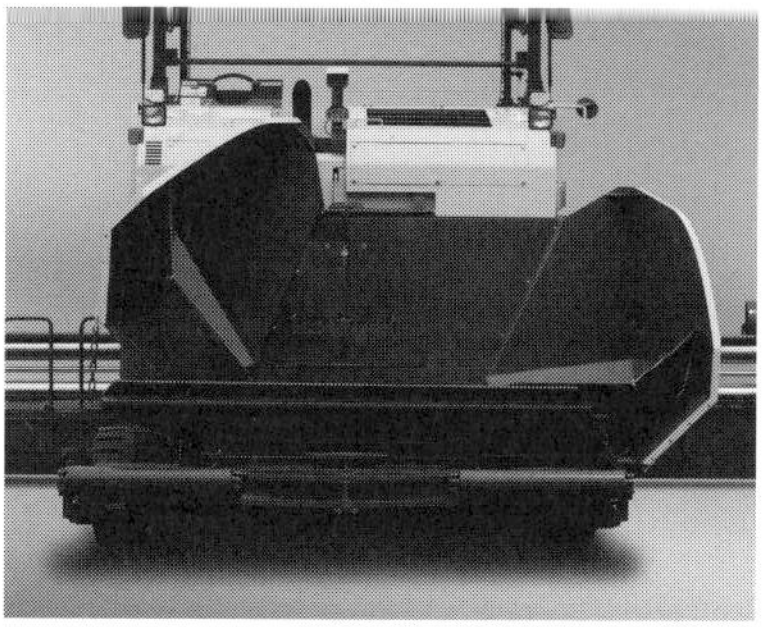

写真・図提供:住友建機株式会社

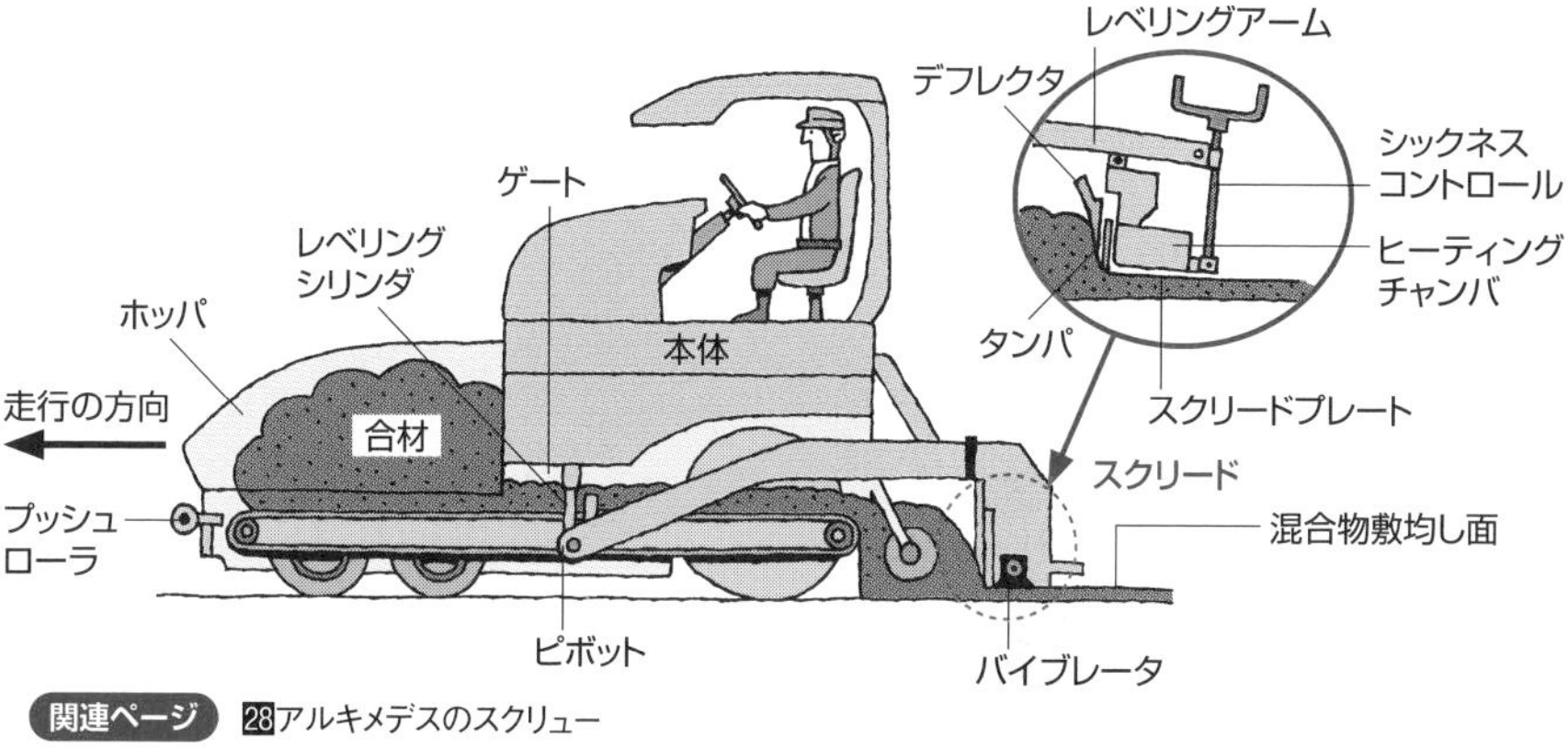

関連ページ 28アルキメデスのスクリュー

48 ダムの工事現場で働く建設機械

コンクリートの敷均し、締固めの仕事

群馬県長野原町の八ッ場ダムは、堤高116m、堤頂長290m、堤体積約100万㎥の重力式コンクリートダムです。2015年に着工し、2020年4月から運用を開始しています。

この工事では、超固練りのRCDコンクリートを使用した巡航RCD工法によって大幅に工期が短縮できました。現場ではケーブルクレーンや固定式クレーンのほか、たくさんの建設機械が活躍していました。

堤体上のホッパにバケットで運ばれたコンクリートは、ダンプトラック（32t）で打設現場まで運搬されます。このコンクリートは、ブルドーザによって厚さ25㎝程度に敷き均した後、さらに前後に走らせて転圧します。この作業を4回くりかえし、1mの厚さにします。

コンクリートは打設後に冷えて縮むため、ひび割れの原因になります。これを防ぐため、コンクリートの敷き均しが終わると、15mごとに継目（目地）を入れます。作業は、油圧ショベルをベースとした振動目地切り機で鋼鉄製の板を振動させ、コンクリートに鉄板をさしこみます。

コンクリートの敷均しの次は、振動ローラです。振動ローラは、大きな鉄輪のローラを振動させながら、敷き均したコンクリートの上を往復し、コンクリートをしっかりと締め固めていきます。振動ローラにより締め固めが終わると章動ローラが登場し、水平方向に振動を与えてコンクリートの表面を平らに仕上げます。

もうひとつは、振動によってコンクリートの締固めを行うコンクリート締固機です。これは、油圧ショベルのアタッチメントとして、直径15㎝、長さ85㎝のバイブレータを4本取り付けたものです。型枠際や構造物周辺の軟らかいコンクリートと、堅く練られたコンクリート（RCD）との接合を確実にする役割があります。コンクリート面を美しく仕上げるために回転するブラシを取り付けたポリッシャも、ユニークなアタッチメントです。

要点BOX
- ●ブルドーザでコンクリートを敷き均す巡航RCD工法
- ●振動ローラによるコンクリート締固め作業
- ●アタッチメントでさまざまな作業をこなす油圧ショベル

ハッ場ダム工事で活躍する建設機械

巡航RCD工法によるダム工事現場。複数の建設機械が稼働している。

ダンプトラックによる
コンクリート運搬

ブルドーザによる
コンクリート敷均し

振動目地切り機

振動ローラによる
コンクリート締固め

コンクリート締固機

ポリッシャ

出典:ハッ場ダム工事事務所Facebook
https://www.facebook.com/yambadam.mlit/

49 つかんで掘り上げる！深い穴を掘るマシン

テレスコピック式クラムシェルの仕事

長野県中野市で千曲川にかかる橋梁（鋼中路式ローゼ橋・橋長159m）の基礎工事が行われていました。橋を支える橋台部では、深礎工法による基礎工事の真っ最中。構造物の重量を地中の支持層に伝達する役割を担う直径3・5m、長さ24・5mの深礎杭を施工していました。まず、ライナープレートなどで土留めを行いながら、機械によって深くまで掘り進めます。掘削が完了したら、坑内で鉄筋を組み立ててコンクリートを打設して杭を完成させる手順です。

大口径で大深長の穴を、河岸の狭い場所で掘削しなければなりません。この作業でだいじな役割を果たすのが、テレスコピック式クラムシェルです。

テレスコピック式クラムシェルは、油圧ショベルをベースとして、伸縮多段式のテレスコピックアームとクラムシェルバケットを装着した建設機械です。

クローラクレーンのワイヤーロープの先端にクラムシェルを取りつけた従来からの機械式クラムシェルに比べると、バケットの位置決めがしやすく、バケットを土に押し付けることでたくさんの土を確実につかみこむことができます。また、旋回性能が優れていることやバケットの振れが少ないので、ダンプトラックや土砂バケットへの積込みがスピーディという長所があります。

テレスコピックの伸縮は、伸縮シリンダやロープが用いられており、いちばん内側のインナーアームが最も深い位置まで伸びます。インナーアームの先端には、吊りブラケットによってクラムシェルバケットが取り付けられています。

下部走行体と上部旋回体は、油圧ショベルとほとんど同じ構造ですが、スライドキャブ仕様という独特のタイプがあります。特徴は、油圧シリンダによって運転席（キャブ）が前方に移動（スライド）できることです。この機能によってオペレータは、掘削している穴の奥をのぞき込むことができ、バケットの状態を確認しやすくなります。

要点BOX

- 深い穴の掘削に適したテレスコピックアーム
- 深部の土砂をすく上げるクラムシェルバケット
- 掘削している穴をのぞき込めるスライドキャブ

テレスコピック式クラムシェル

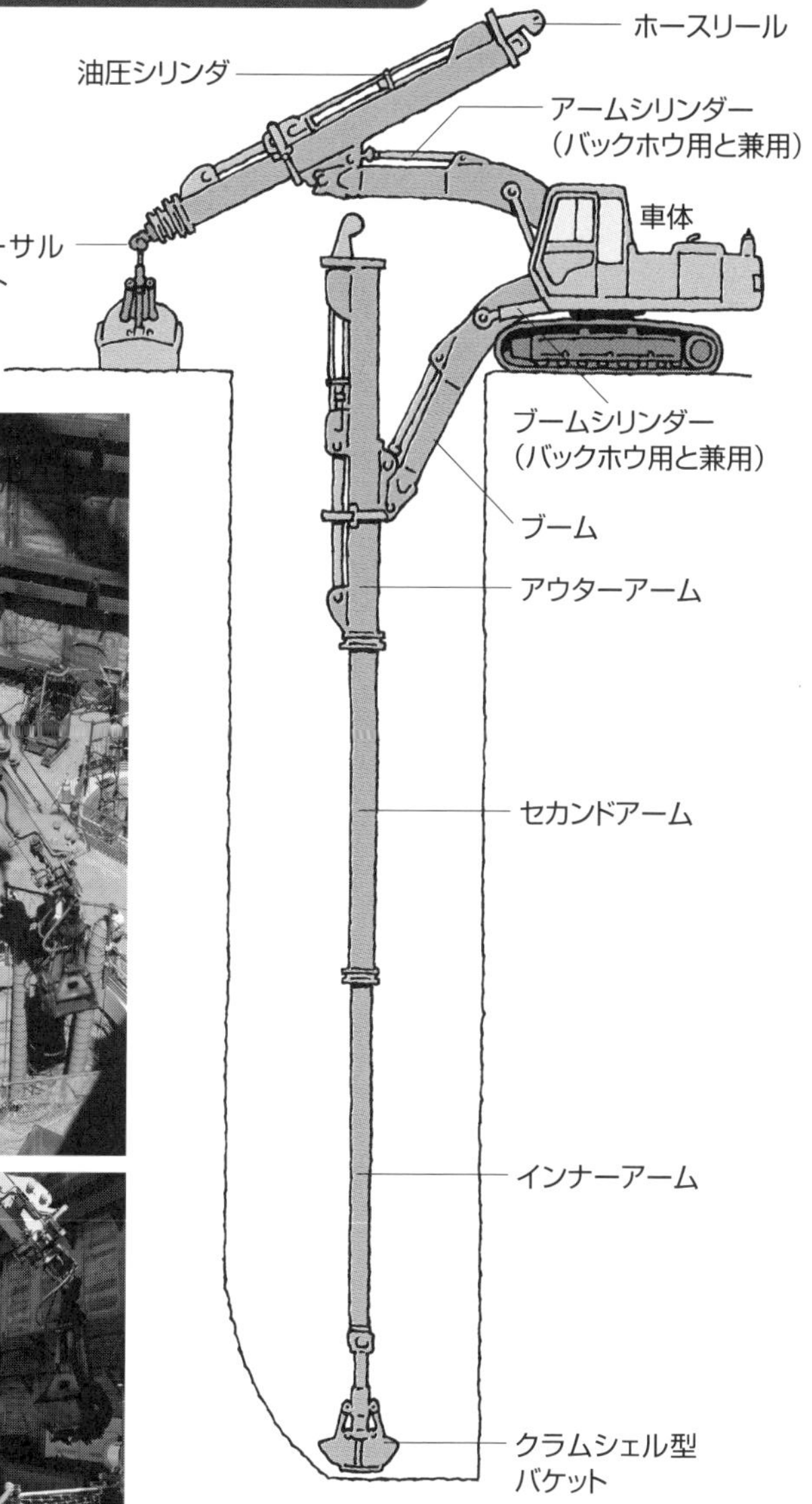

油圧シリンダでキャブをスライド。
このスライドキャブから、深い穴の
下をのぞき込むことができる。

取材協力:長野県北信建設事務所、北野建設株式会社
撮影:筆者

関連ページ 19ハンマグラブ 36テレスコピック 53土砂をすくい集めるマシン！(ドラグライン、クラムシェル)

50 地下を掘り進むカッター

シールドマシン、トンネル掘削機の仕事

トンネル掘削工法のひとつにシールド工法があります。この工法は、1825年にテムズ川（ロンドン）の川底に建設されたテムズトンネルで初めて用いられました。日本では1917年に羽越本線折渡トンネルの一部で採用されましたが、本格的な成功は、関門鉄道トンネル（1939年）でした。

シールド工法は、トンネル切羽を掘削しながら、シールドと呼ばれる筒でトンネル壁面を一時的に支えながら、徐々に掘削を前進させるのと同時に、後方ではセグメントを組んでトンネル壁面をすばやく構築していきます。これにより、軟弱地盤でもトンネルを掘り進めることができるようになり、水底トンネルで採用されたのです。

国内では20世紀最大のプロジェクトといわれた全長15・1kmの東京湾アクアライン（1997年開通）でも、シールドマシンが活躍しました。川崎～海ほたる間の9・6kmは、世界最大級の海底シールドトンネルです。ここで活躍したマシンは、外径14・14m、本体機長13・5kmの超大口径泥水式シールドです。高比重、高粘性の泥水で切羽を加圧（5気圧）することで安定させながら、カッターヘッドで掘削を進め、掘削した土を泥水の流れに乗せて流体として輸送しました。

ユニークなトンネル掘削機も開発されています。鹿島建設とコマツが共同開発したNATBMです。このマシンの特徴は、2つのモードチェンジができることです。硬質な地山を掘削する際にはTBM（全断面トンネル掘削機）として、カッタービットのついたカッターヘッドが回転し、岩盤を削ります。軟弱な不良地盤では、NATMに切り替えると、カッターヘッドが開口し、内部に装備したバケット式掘削機が前面に出て、地山を掘削した後に、支保工を構築しながら掘進します。2020年、このマシンは新潟県糸魚川市で発電所の導水路トンネル工事でデビューしました。

要点BOX

- ●トンネルを掘る円筒形のシールドマシン
- ●先端にある刃を回転しながら掘削推進
- ●後方ではセグメントを組んでトンネル壁面をすばやく構築

シールドマシンの構造

マシンサイズ
φ8.78m×13.745m
1988〜1991年

▼英仏海峡海底鉄道トンネル掘削で活躍したシールドマシン

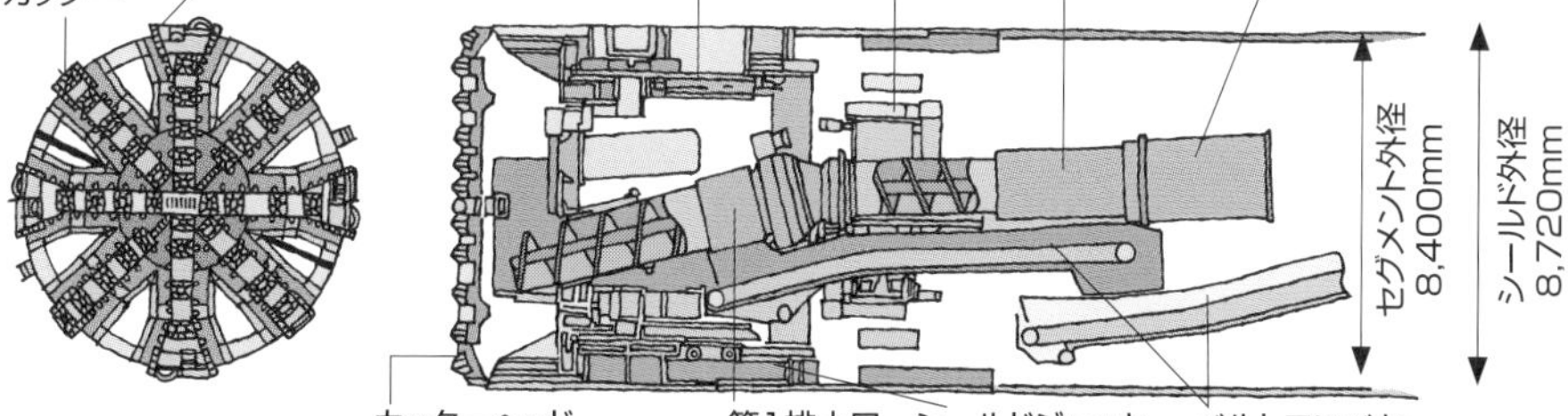

マシンサイズ
φ14.14m×13.5m
1994〜1996年

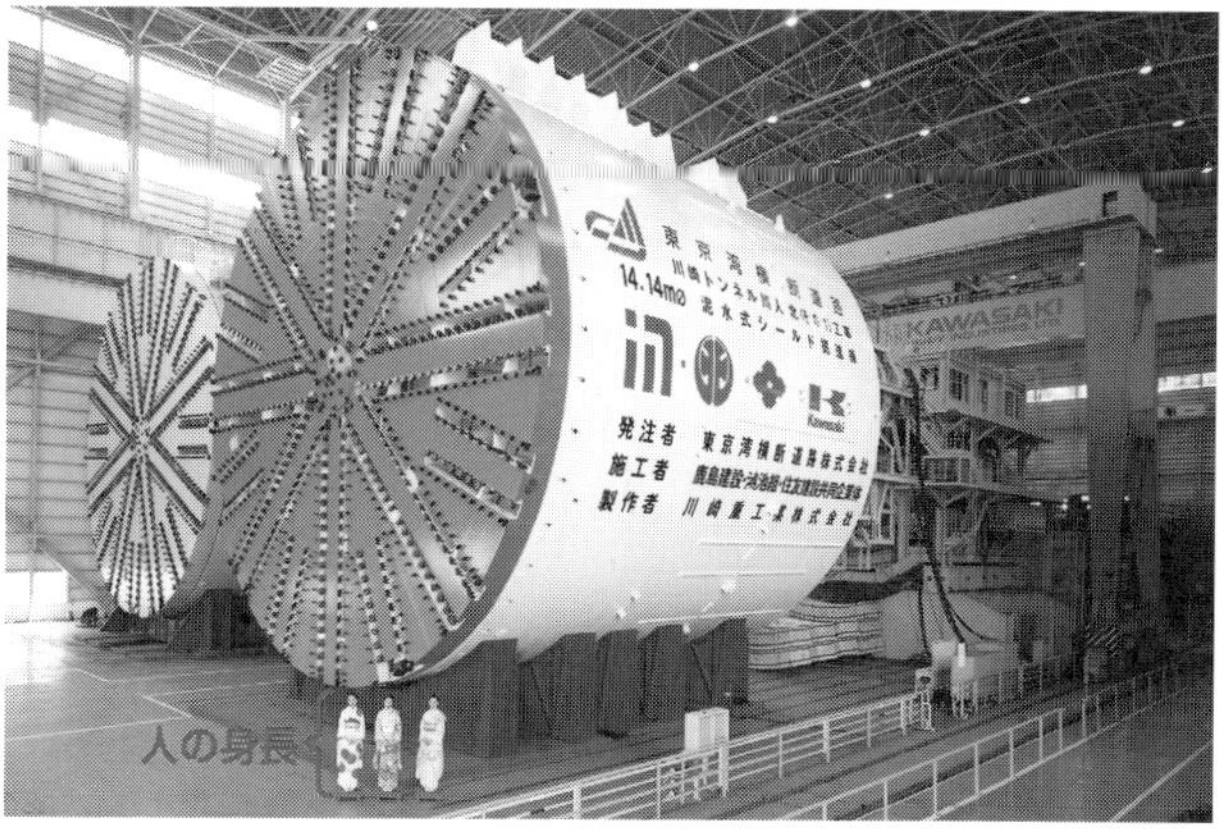

▶東京湾アクアラインで活躍した巨大なシールドマシン（泥水式）

写真・資料提供：川崎重工業株式会社

▼最新型のトンネルボーリングマシン

写真提供：鹿島建設

TBMモード

NATMモード

関連ページ 28アルキメデスのらせん 46トンネル掘削

51 快適な暮らしに！造園で使われる建設機械

ミニショベル、ユニッククレーンの仕事

素敵なマイホームとお庭はうるおいある快適な暮らしの夢のひとつ。それを実現するのが造園工事です。造園工事では、築山や流れ、池などを造り上げたり、樹木を植えることや、舗装、電気、水道、排水、あずまや、カーポート、フェンスなどを設けるといった、多種多様な工事内容が組み合わさっています。

そのような造園工事の大きな助っ人となる建設機械は、ミニショベルです。造園工事の現場を訪ねてみましょう。

ここで稼働していた機種は、バケット容量0・019m³、機械質量980kgのミニショベルZX10U（日立建機）。後方超小旋回機の規格ですので、シートの後方（機体後部）の出っ張りがとても少なく、旋回のじゃまになりません。

上部旋回体のメインフレームが、カウンタウエイトと一体型になっている構造は、衝撃からボディを守るバンパーの役割も果たしています。

この機械は、1・8mまでの溝掘りができますので、池となるくぼ地を作るほか、電線や水道、排水管の埋設、基礎工事などにも対応できます。また、個人邸の造園では、境界沿いにブロック塀を作ったり、管を埋設し砂利敷にするような工事を行うことがあります。建物と敷地境界の人が通れる程度の細い空間に入り込むためには、可変脚式クローラが便利。広い場所では、100cmまで広げられたクローラの幅は、油圧により78cmまで狭めることができるしくみです。

造園工事で忘れてはならないのが、クレーン付トラックです。ミニショベルも運搬できますし、工事に必要な資材や道具なども一気に運ぶことができます。造園には大きな庭石や樹木、ブロック、レンガなど、さまざまな資材が必要です。そうした積み下ろしが1台で対応可能です。

要点BOX

- きめ細やかな作業に適したミニショベル
- 可変脚式クローラは幅の狭い通路の走行に便利
- 資材、機材を効果的に積み下ろすクレーン付トラック

造園で活躍する建設機械

油圧シリンダを押し出すことで、アームの引っ張り力を最大に発揮

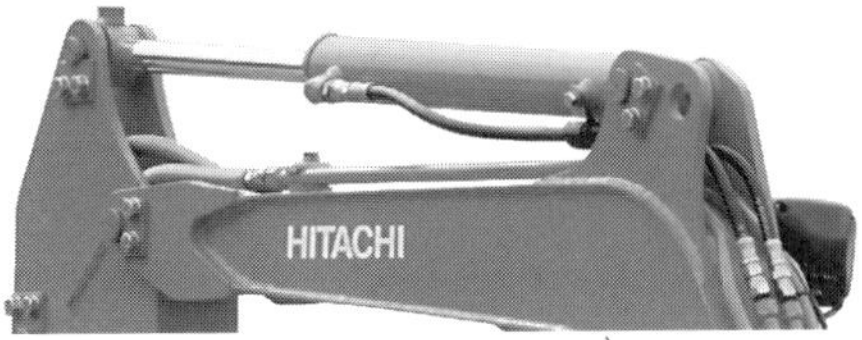

最小幅780mm～
最大幅1000mmに可変

ZX10U

後方超小旋回タイプは、壁やフェンスに近い場所での回転も容易

家屋周囲の狭い通路での溝掘りでは、クローラの幅を最小化できる。庭での作業は、クローラ幅を最大にして、掘削能力を高める。

スイングポストでは、油圧シリンダの伸縮でブームがオフセット（回転）する。境界沿いや狭い場所での掘削で自由度が高い。

写真提供:日立建機

▼トラック架装用ユニッククレーン

写真提供:古河ユニック株式会社

▼ミニバックホウでの作業

取材協力:ランドワード（京都市）

関連ページ　5 狭いところも任せて！小型の建設機械

52 林業の現場で活躍するマシン！

高性能林業機械の仕事

森林大国と言われる北欧スウェーデンに、森の中で活躍する大きなマシンがあります。このひときわ目をひくマシンが、ハーベスタです。

ハーベスタは、立木を切り（伐倒）、枝を払って（枝打ち）、自動で同じ長さの丸太にそろえる作業（玉切り）を1台でこなします。熟練のオペレータは、左右のレバーと20ほどもあるボタンを駆使して、この一連の作業をあっという間に完了させます。

玉切りされた丸太を運ぶのは、フォワーダ（林内運搬車）の役割です。グラップルローダで何本かの丸太をつかみ上げ、ロングベッセル（荷台）に積み込みます。

もう一つの注目技術は、森林の地形、作業状況や木材価格など、さまざまなデータがクラウドシステムに集約されている取組みです。こうしたデータは、ハーベスタやフォワーダといった林業機械にもつながります。ハーベスタで玉切りされた丸太とその位置情報は、フォワーダに送信されます。そのデータを受信したフォワーダが、移動してきて丸太を回収していきます。まさに、林業のIoTが現実になっているのです。

日本でも、ハーベスタをはじめとするさまざまな高性能林業機械が導入されています。

林業機械の足回りにも注目してみましょう。スウェーデンなど北欧では、岩の多い緩傾斜地に対応しやすいホイール型が多く見られます。これに対し、日本では急傾斜地が多く、軟弱地にも対応が必要なことから油圧ショベルをベースマシンにしたクローラ式が多く導入されています。

特に、傾斜の急な場所ではハーベスタの利用ができないことも多くあります。そうした場所では、チェーンソーで伐倒した後、スイングヤーダというマシンを利用して伐倒木を作業道までワイヤーで巻き上げる集材作業、次にプロセッサというマシンで玉切りし、最後にフォワーダで運搬するというような方法がとられます。

要点BOX

- 伐倒、枝打ち、玉切りまで1台でこなすハーベスタ
- 玉切りされた丸太を運搬するフォワーダ
- 傾斜地ではスイングヤーダやプロセッサも活躍

ハーベスタ

写真提供:コマツ

ホイール式林業ハーベスタ 911

山地がほとんどの林業の現場では、不整地に対応でき機動性能の高いマシンが欠かせない。

123

さまざまな高性能林業機械

FORWARDER 875

写真提供:コマツ

←フォワーダ（スウェーデン）

←手前からフォワーダ、プロセッサ、奥にスイングヤーダが並ぶ（国内）

写真:筆者

↑スイングヤーダ

関連ページ 20切る！刈る！（ハーベスタヘッド）

53 土砂をすくい集めるマシン！

ドラグライン、クラムシェルの仕事

コンクリートの原料となる砂・砂利を採取する現場で、1台の大きな建設機械がはたらいていました。それがドラグラインです。

ドラグラインは、長いブームからワイヤロープで吊り下げたバケットを、ワイヤロープで手前にたぐりよせて、たくさんの土砂や砂利をすくい上げるマシンです。

このマシンでは、ラチスブームタイプのクローラクレーンがベースになっていました。重い荷を吊り上げるのが得意なクレーンは、大量の土砂や砂利をすくい上げる作業に適しています。ドラグラインは、バケットを遠方に投げるような動作が可能で、掘削距離を長くできるという特徴があります。このため、骨材採取のほかにも、河床浚渫や湖沼などの軟弱地掘削のような浅く広い範囲の掘削に適しています。

ドラグラインと同じように、クローラクレーンをベースとした機械式クラムシェルというタイプもあります。アタッチメントとして装着されるクラムシェルバケットは、二枚貝のように開閉するバケットです。掘削力はあまり強くないので硬質土の掘削には適しませんが、軟質な地盤で深い穴を掘る作業を得意とします。

ところで、世界で活躍するドラグラインには、超巨大なタイプがあります。鉱山採掘現場にある世界最大の９０２０ＸＰＣです。バケット容量は最大１２２㎥、ブーム長さは最大１３０ｍ、機械の高さは23階建てのビル程度（67・7m）に達します。この機種の最もユニークな特徴は、クローラの替わりに歩行機構を持っていることです。このため、ウォーキングドラグラインと呼ばれています。機体底の中央に大きな円形盤があり、巨大な機体を旋回させます。その両サイドにある幅5・2m×長さ26・8mの巨大な足の部分で機体を持ち上げてから、尺取虫のように前にスライドさせて移動するしくみです。

要点BOX

- ●浅く広い掘削が得意なバケットで掘削するドラグラインと深い掘削が得意なクラムシェル
- ●歩行する巨大なウォーキングドラグライン

ドラグライン

ドラグバケットの引き寄せ↑
←ドラグラインによる骨材採取

写真提供:株式会社吉川工務店

ドラグライン

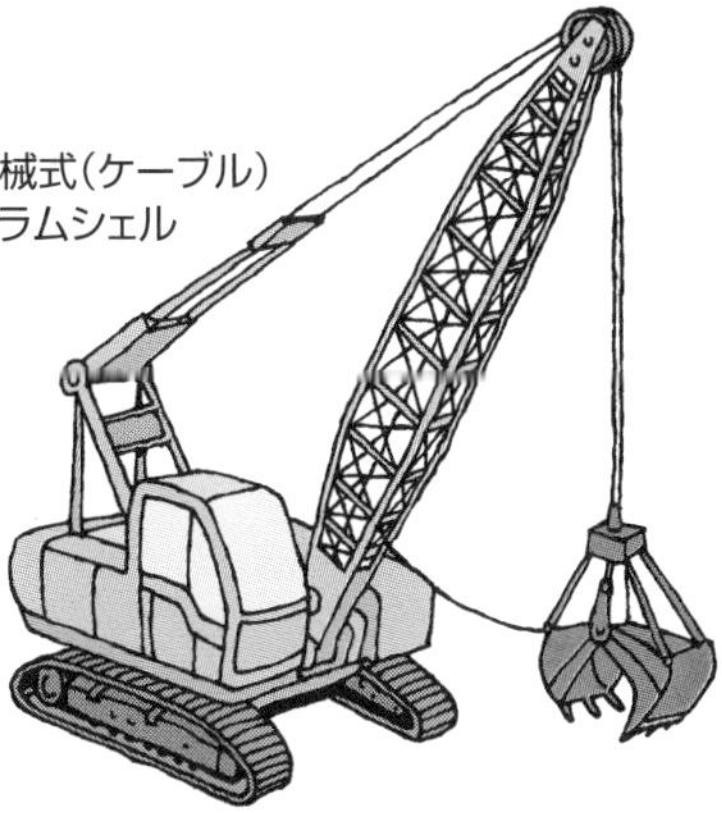

機械式(ケーブル)
クラムシェル

鉱山で活躍する超大型のウォーキングドラグライン

ブームの高さは 130m に達します。

写真提供:コマツ

関連ページ
19打ち込む！ 掘り下げる！(ハンマグラブ)
49つかんで掘り上げる！ 深い穴を掘るマシン(油圧式クラムシェル)

54 水中で土木作業ができる!?

水陸両用ブルドーザ、水中バックホウの仕事

海底の岩盤掘削や河川、湖沼の底に堆積した土砂や礫を取り除くために開発されたのが、水陸両用ブルドーザ、通称「水ブル」です。

東日本大震災（2011）では、大津波により多くの橋梁や港湾、護岸などが被災しました。なかでも、宮城県仙台市と名取市の境を流れる名取川では、最下流の橋梁橋脚に大きな洗掘被害がありました。この復旧工事で水陸両用ブルドーザが活躍したのです。

水陸両用ブルドーザ（D155W）は、日本で1968年に試作機が作られ、翌1969年に世界で初めて小松製作所から発売されました。エンジンとラジエター部を密閉し、上部に立てた煙突（吸排気筒）で吸排気を行う構造で、最初のころは、水深3mまで潜ることができました。その後、煙突を長くすることによって、水深7mまで潜れるようになっています。操作は、無線遠隔操作。オペレータは陸上の安全な場所から操縦できます。現在は、青木あすなろ建設だけに現役機5台があります。

1972年には、日立建機から水陸両用油圧ショベルUA03が開発されました。

あおみ建設では、陸上で使われているバックホウをベースにして、水中で作業ができるように動力源などを改良した「ビッグクラブ」が活躍しています。支援母船に発電機を搭載し、水中での作業機では水中モータにより駆動する構造です。

水中作業では、オペレータの潜水士が目視による操縦を行う方式が一般的で、水深30m程度までの作業を可能にしています。また、基礎捨石均しなどに使うバケットのほか、岩盤破砕に使うブレーカなど、さまざまなアタッチメントも実用化されています。さらに、動力をディーゼルエンジンに置き換えて煙突型の吸排気筒を立ち上げることで、水深4m程度までの作業を可能にすることもできます。

要点BOX

- ●海岸や河川などで水陸両用の建設機械が活躍
- ●東日本大震災の復旧でも活躍した”水ブル”
- ●水中モータによる駆動で水中でも動く油圧ショベル

水陸両用ブルドーザの活躍

▼閖上大橋付近（宮城県）での災害復旧（埋戻し）作業

▼能代港（秋田県）での浚渫（押土）作業

写真提供:青木あすなろ建設株式会社

水中バックホウの操縦方法

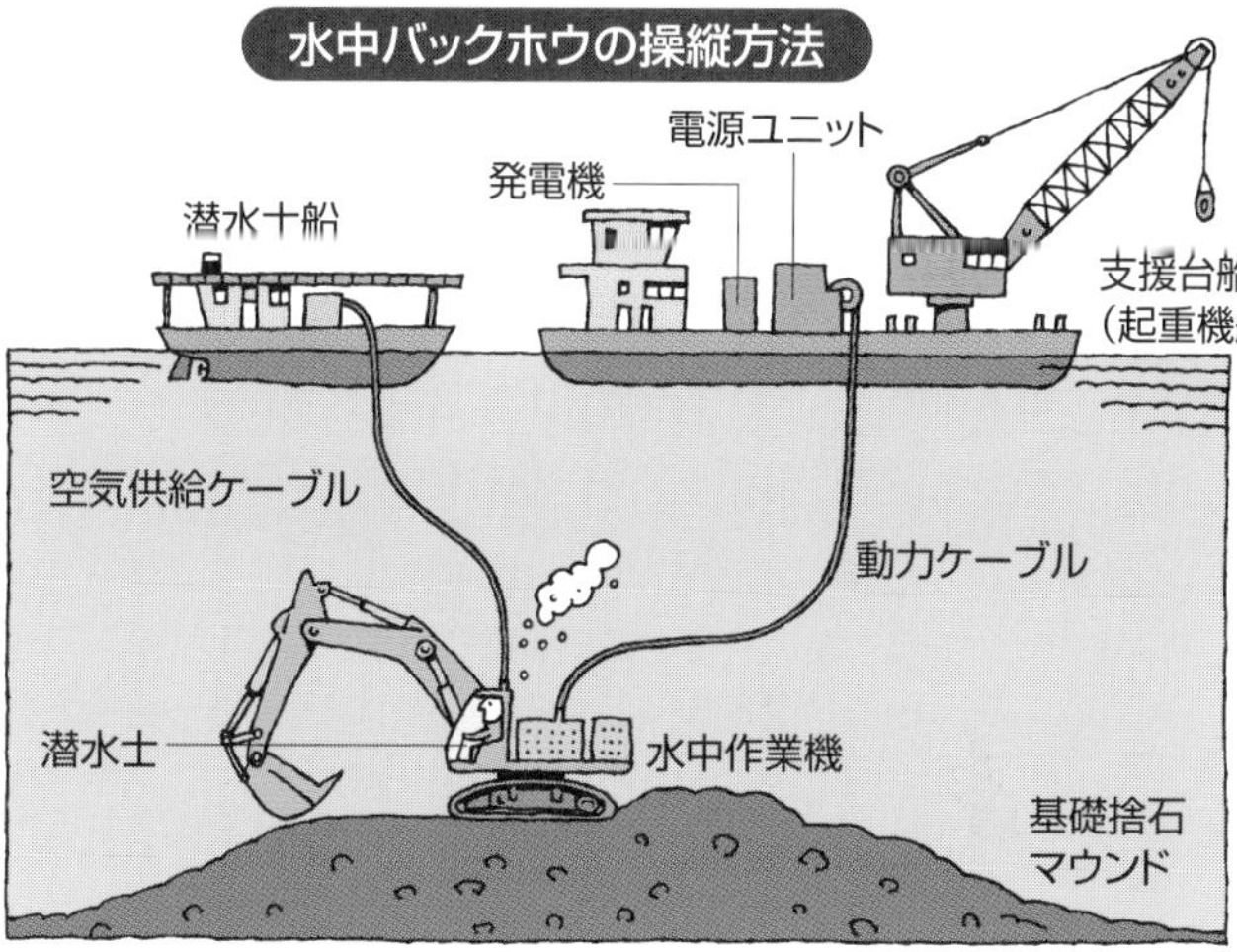

■水中バックホウ

ディーゼルエンジンタイプ

水中モータタイプ

写真・資料提供:あおみ建設株式会社

55 アルキメデスの原理！浮力で巨大な橋を運ぶ！

起重機船の仕事

鹿児島県の桜島と垂水市牛根麓地区を結んでいるのが、牛根大橋です。台風などの大雨でたびたび通行止めとなってしまう地元の悩みを解消し、環境や美観にも配慮した全長381mの美しいアーチ橋です。このうち、中央径間260mは、重量が3370トン（ワイヤー、平衡滑車等の吊具の重量を加えると約3700トン）という巨大な構造物です。この架橋作業を担ったのが、国内最大の起重機船（クレーン作業船）「海翔」です。海翔には、定格荷重4100トンのクレーンが装備されています。

ところで、起重機船はなぜこんなに力持ちなのでしょうか？そのしくみは、浮力とバラスト水にあります。

船が沈まないのは、浮力のはたらきによります。浮力は、「流体中の物体は、その物体が押しのけている流体の重量と同じ大きさで上向きの浮力を受ける」という「アルキメデスの原理」として、紀元前3世紀ごろにはすでに知られていました。例えば、2000tの浮力が必要な時は、2000tの水を押しのける（排除する）ようにします。起重機船のような作業船では、巨大な船体によって大きな浮力を発生させています。海翔の場合、船体の長さは120m、幅55m、深さ7・5mと、とてつもない巨体です。

起重機船では、重い物を持ち上げるために、滑車の原理を使ったクレーンを装備しています。さらに、クレーン車のカウンターウエイトと同じように、起重機船では吊荷と反対方向の船内にバラスト水を入れて、つり合いがとれるようにしています。

東京ゲートブリッジの側径間下部トラス桁（長さ232m、幅24m、高さ35m）は、東京タワーの1・5倍となる約6千トンの鉄骨構造です。この海上運搬と海上架設（2009年）では、3隻の起重機船が並んで作業しました。起重機船は自航できないため、曳船をはじめとするさまざまな作業船と連係しながら架橋作業を遂行します。

要点BOX

- ●4,100トン吊りクレーンを装備した国内最大の起重機船
- ●複数の起重機船が並んで作業した東京ゲートブリッジ
- ●浮力とバラスト水のしくみで転覆しない起重機船

起重機船

▼浮力の原理

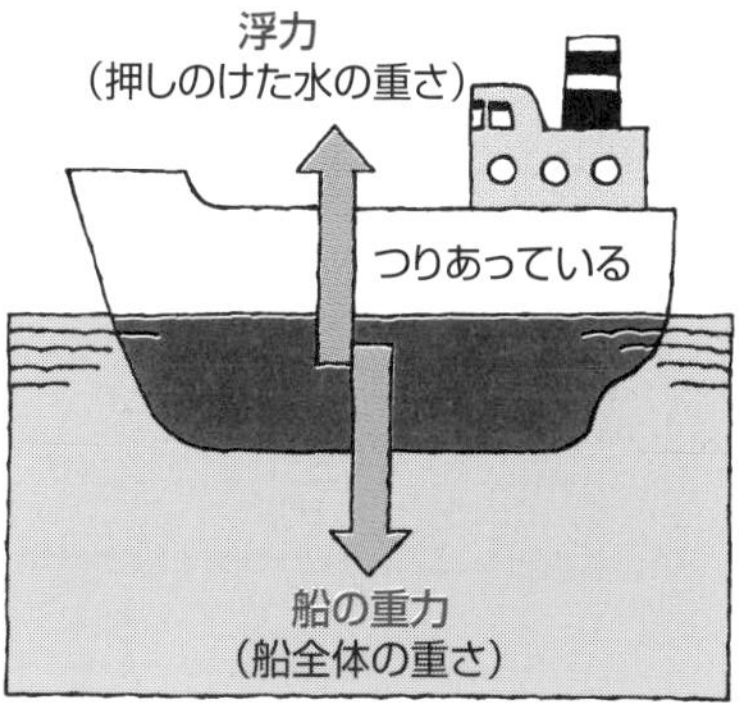

▼バラスト水のしくみ

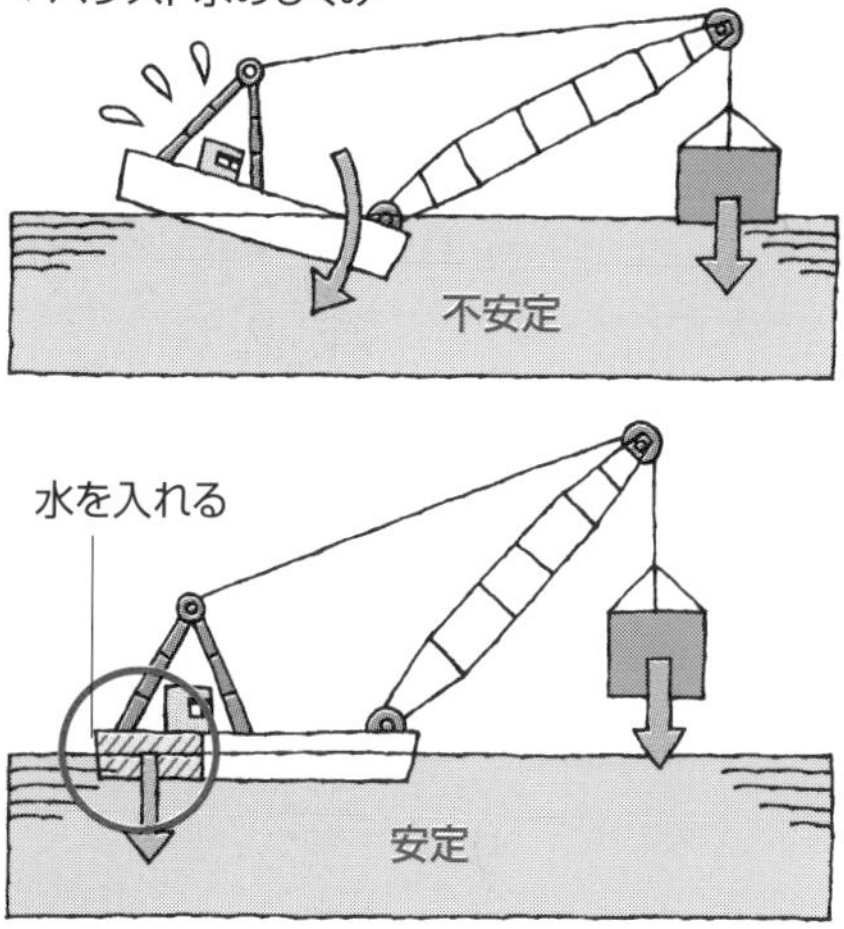

▼国内最大の起重機船「海翔」

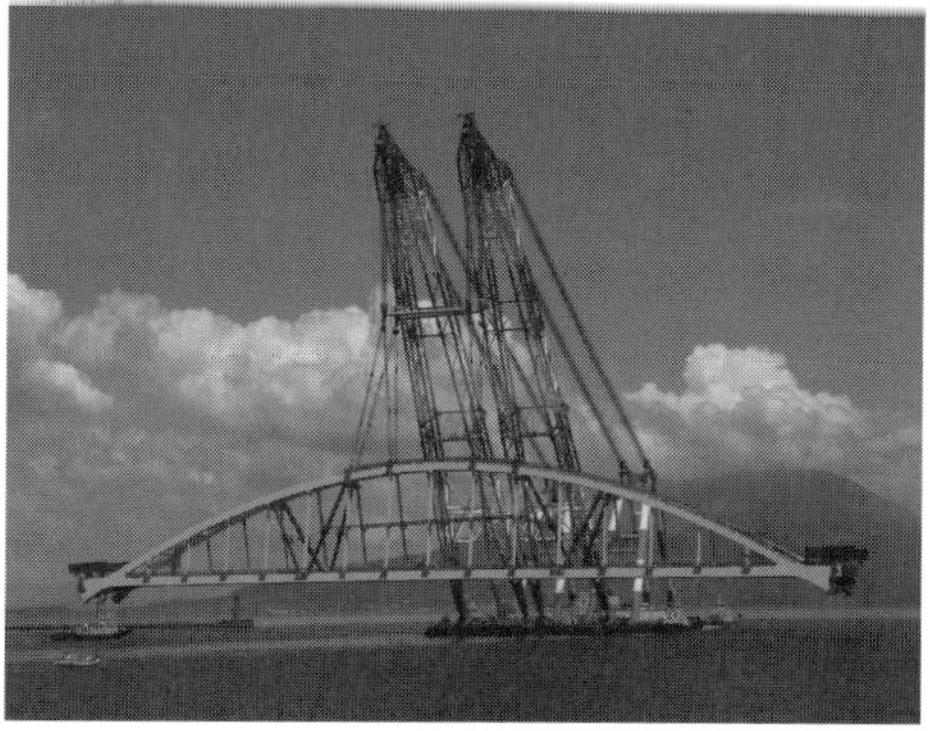

牛根大橋中央径間の架橋（2007年）。
橋の重量は3,370t
ジャンボジェット機の10台分!
普通自動車では2,000台分以上!

写真提供:寄神建設株式会社

▼東京ゲートブリッジの架橋（2009年）

国内最大級の起重機船3隻
が並んでの作業。
左から
武蔵(3700t吊級)
第50吉田号(3700t吊級)
海翔(4100t吊級)

写真提供:大上祐史氏（ラジエイト）

関連ページ 25滑車を使う！ 27カウンターウエイトの必要性

56 高いビルで活躍するさまざまなクレーン！

ジブクライミングクレーン、クローラクレーンの仕事

　高いビルを建築する工事では、巨大なクレーンが活躍しています。例えば、建築中の超高層ビルの上にクレーンが載っている姿を見て、どうやってクレーンが上がったのか、疑問に思う人も多いことでしょう。ここで登場するのが、ジブクライミングクレーンです。

　このクレーンでは、マストと呼ばれる垂直の一本柱が台座から立ち上がっています。マストの上部には昇降フレームが取りつけられ、その上にクレーン作業を行うための旋回体とジブが備えられます。数階分のフロアを作り上げたら、最上部のフロアに本体を固定し、昇降フレームの油圧シリンダによって台座ごとマストを引き上げます。上部のフロアに達したところで、マスト最下部の台座を固定します。マストが突出した状態になりますので、今度は本体が階を作りながらマストを昇ります。これをしゃくとり虫のように繰り返すことで、クレーンも昇っていくことができます。このような方法をフロアクライミング方式と呼びます。

　また、ビルの隣にマストを立ち上げる方法もあります。これはマストクライミング方式と呼びます。この方式は、マストの高さに旋回体が達したところで、自らのクレーンで継ぎ足し分のマスト部材を吊り上げ、マストを上に延長する作業を行います。マストが高くなったところで、昇降フレームで旋回体を上昇させます。工事が完了すると、小さなクレーンを吊り上げておき、分解したクレーン部品を吊り下げるなどの方法で撤収します。

　ラチスブームを備えたクローラクレーンも高い場所への吊り上げ作業で活躍します。ブームを傾斜することができ、大梁などはブームで吊り、ジブで小梁を吊るといった作業ができます。タワー仕様では、ブームを垂直に立ててタワーとして、その先に丈夫なジブを取り付け、作業を行います。さらに、タワー部のブームとジブがそれぞれ起伏できる、ラッフィング仕様もあります。

要点BOX

- ●クレーン自体が昇降するジブクライミングクレーン
- ●フロアクライミング方式とマストクライミング方式
- ●クローラクレーンのさまざまジブ仕様

クレーン自体が昇降するジブクライミングクレーン

●フロアクライミング方式

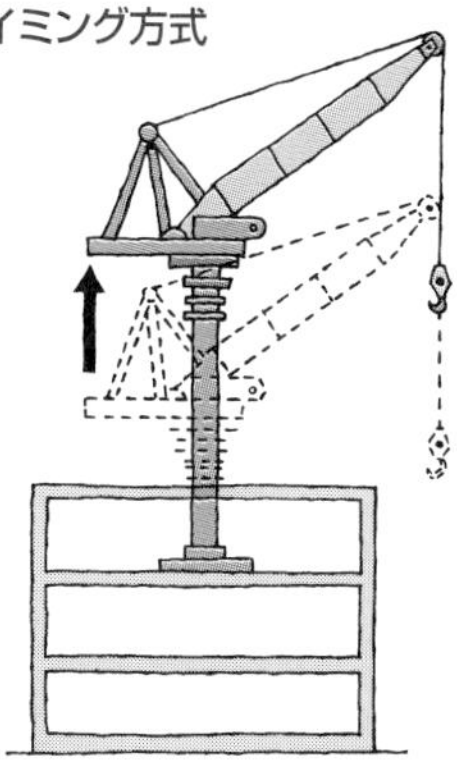

写真提供:IHI運搬機械株式会社

●マストクライミング方式

市街地の中で、建築中のビルの屋上にそびえるクレーンはひときわ目を引く存在(名古屋市内)

写真:筆者

クローラクレーンのタイプ

●クローラクレーン

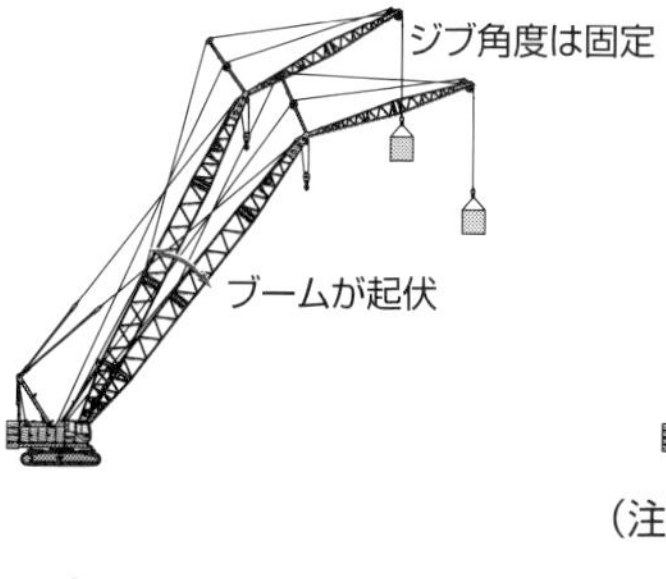

●タワークレーン

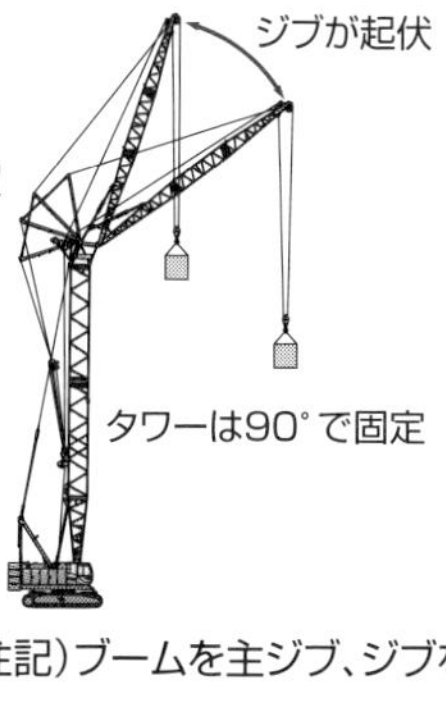

●ラッフィングタワー

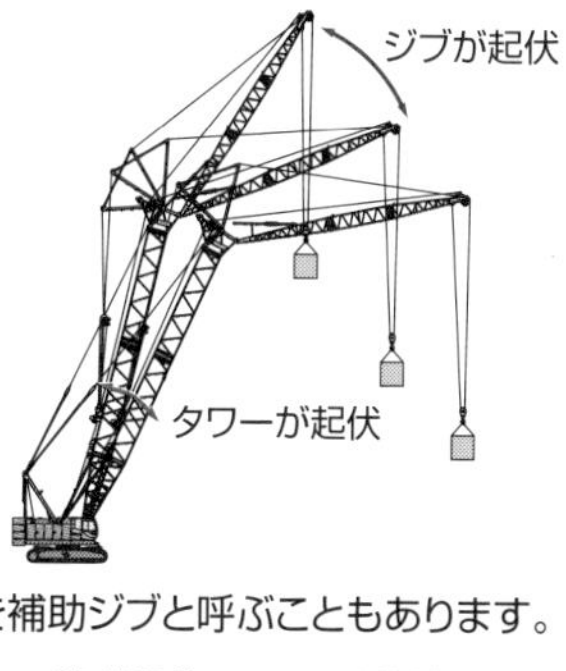

(注記)ブームを主ジブ、ジブを補助ジブと呼ぶこともあります。

資料提供:コベルコ建機株式会社

関連ページ 15移動式クレーン 25滑車

57 四本脚のアウトリガで斜面でもへっちゃら!

かにクレーンの仕事

そのユニークなフォルムから名づけられた「かにクレーン」。子供たちにも大人気の機種です。かにクレーンが登場したのは１９８０年。開発、製造を手掛ける株式会社前田製作所では、トラック搭載型の初期型から、ニーズの多様化や安全性などをより向上させながら、今なお進化した機種をリリースしてます。

どのような現場で、かにクレーンが生まれて、活躍しているのでしょうか? 実は、墓地なのです。

墓石据付作業でのニーズが、かにクレーン開発のきっかけとなりました。墓地内は、人ひとりが通れる程度の狭い歩道しかない場所もあります。そこを通過できるという条件を、まずはクリアしなければなりません。次に、作業を行う場所では、周囲に墓石や石塀(玉垣)が隣接していることも珍しくありません。高低差のある場所や、傾斜地という現場が多いのも墓地の特徴です。このような現場に適応できるアウトリガの工夫が、かにクレーンの誕生につながったのです。

かにの脚に相当するアウトリガを折り曲げて、クローラの上部に収納すると、車体は幅59㎝、長さ２００㎝(最小タイプ)に縮みます。この状態が走行モードで、人ひとり通れる程度の狭い通路でも移動可能です。

作業場所では、アウトリガを張り出します。これによりカウンターウエイトを不要にしました。「へ」の字型をしたアウトリガは、低い石垣をまたぐことも可能。また、最新のマルチアングルシステムにより、アウトリガの水平方向での張出し角度が調整できます。

近年、かにクレーンは国外でのニーズが増えてきました。主な用途は建築の現場。特に、大きな窓の付け替え作業や内部のリフォームで活躍しています。こうした現場では、ガラス面を真空吸着して移動させるバキュームリフタのアタッチメントが組み合わされます。

このように、屋内や地下での作業が多い海外向けの出荷では、電動仕様や、エンジン・電動併用タイプが数多く輸出されています。

要点BOX

- ●個性的なアウトリガにより傾斜地の作業が可能
- ●"かにの脚"を折り曲げて、幅の狭い通路も走行可能に
- ●カウンターウエイトを必要としないアウトリガ

かにクレーン

MC174CRM

→走行モードでは
アウトリガ収納
【移動時】

←アウトリガ張出
【クレーン作業時】

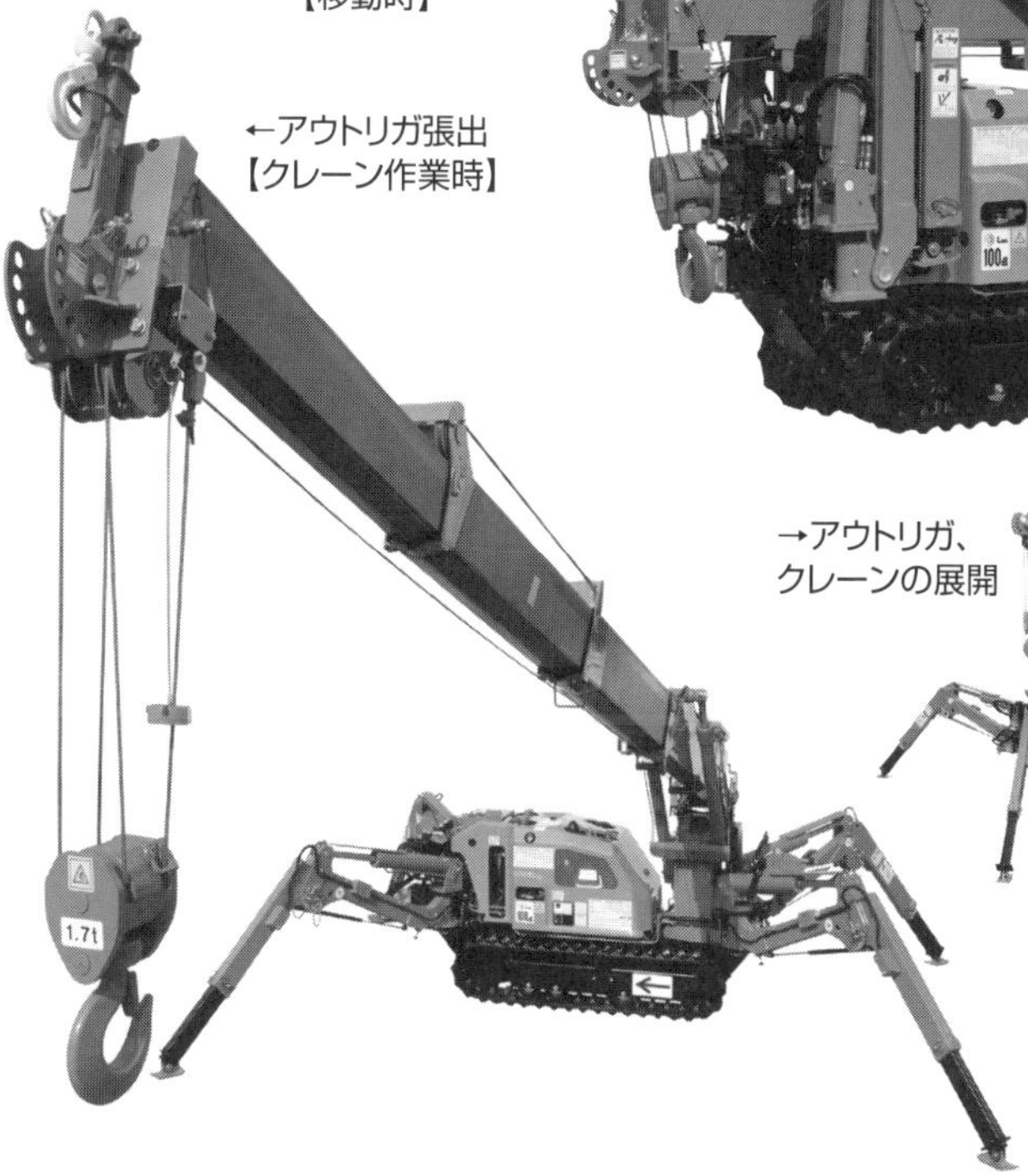

→アウトリガ、
クレーンの展開

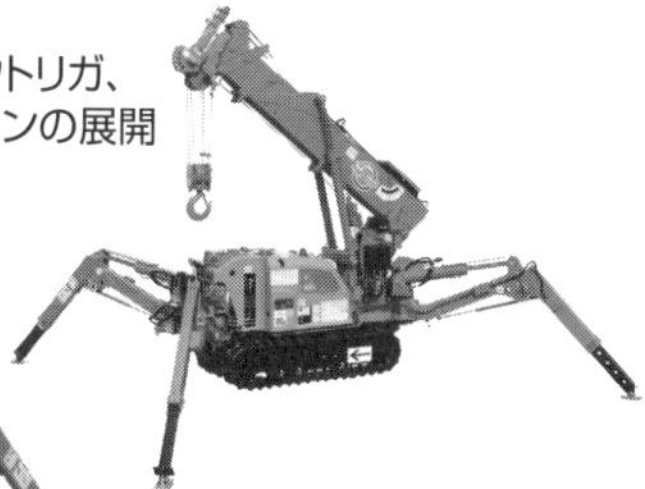

高さや旋回角の制限や自動停止機能を備えるシステムは、建築物内や鉄道での工事に有効。

地盤に高低差や傾斜があってもアウトリガの調整が可能。“へ”の字型の脚で障害物もよけることができる。（アウトリガは必ず水平で安定した固い地盤に設置）

MC285C

写真提供:株式会社前田製作所

関連ページ　25滑車　41アウトリガ構造

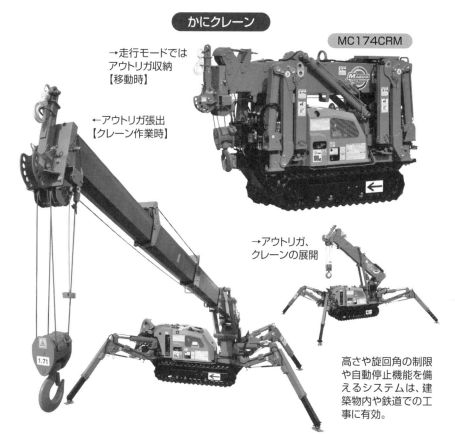

58

見えない橋の下で点検や修理する機械

橋梁点検車の仕事

1964年の東京オリンピックの頃に整備された首都高速1号線をはじめ、高度経済成長期にはたくさんのインフラが作られ、社会経済を支えてきました。およそ50年が経過する土木構造物が急速に増えている現在、老朽化した施設の安全点検や補修が不可欠となっています。

例えば橋は、深い谷に架けられていることも多いので、その下面などを地上部から点検することは困難です。そんな場面で活躍するのが、橋梁点検車です。橋梁点検車は、橋の下を点検できる高所作業車の一種です。ベースがトラックなので機動性に優れています。トラックから伸びたブームの先端には、作業床が取り付けられており、ここに作業員が搭乗します。

動きを見てみましょう。まずは車体が倒れないようにするアウトリガを張出した後、伸縮式ブームを立ち上げます。次に作業床が橋桁の外側になるようにブームを動かし、作業床も回転させます。このように作業床を橋の横に張り出したあと、橋の下部に動かすことができるメカニズムになっています。

メーカーによってブームの数や動き方はさまざまです。

例えばGC-240Lでは、車体に取りつけられた第1のブームは上下するとともに横方向に回転、伸長することで橋のフェンスから外に張り出します。。第2のブームは垂直方向に下がり、橋の下面に導きます。第2ブームの先端にある第3ブームは、張り出すと点検したい橋の下部分に作業床を到達させる仕組みになっています。第1から第3までのブームが直角に折れ曲がったようすは「コ」の字型です。さらに先端の第4ブームで作業床を持ち上げ、橋の下面に近づくことができます。先端に昇降用ゴンドラを吊り下げる特別な機能もあります。

これにより最大100mまで降下しながら脚面の点検や補修でき、場合によっては河川付近まで到達可能になりました。

要点BOX

- ●橋の裏面などは橋梁点検車が活躍
- ●複数の関節を持つブームで作業床を移動
- ●ゴンドラを100m降下できる最新型

橋梁点検車

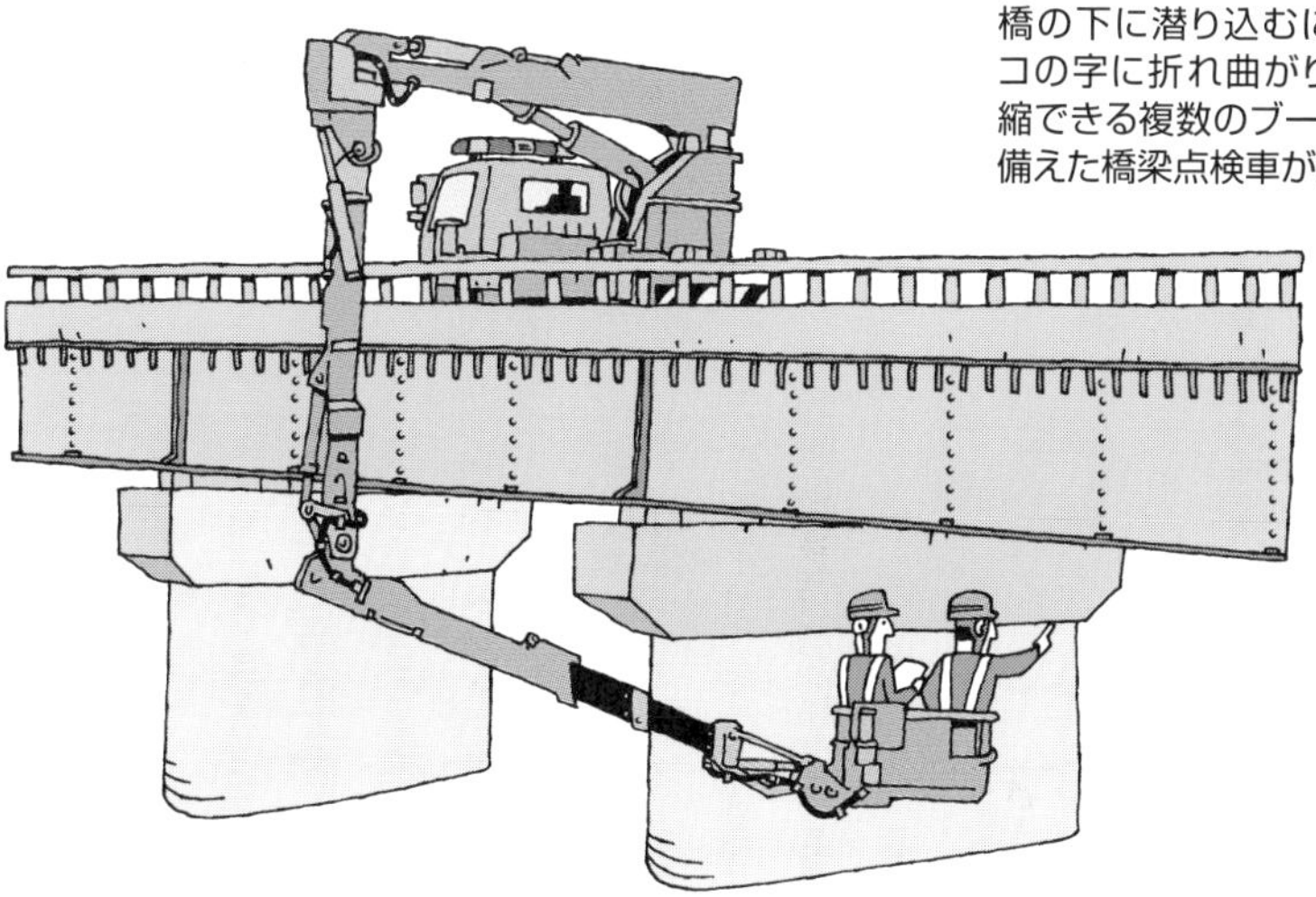

橋の下に潜り込むには、コの字に折れ曲がり、伸縮できる複数のブームを備えた橋梁点検車が活躍

▼昇降式ゴンドラで橋脚面も点検できる機種も登場

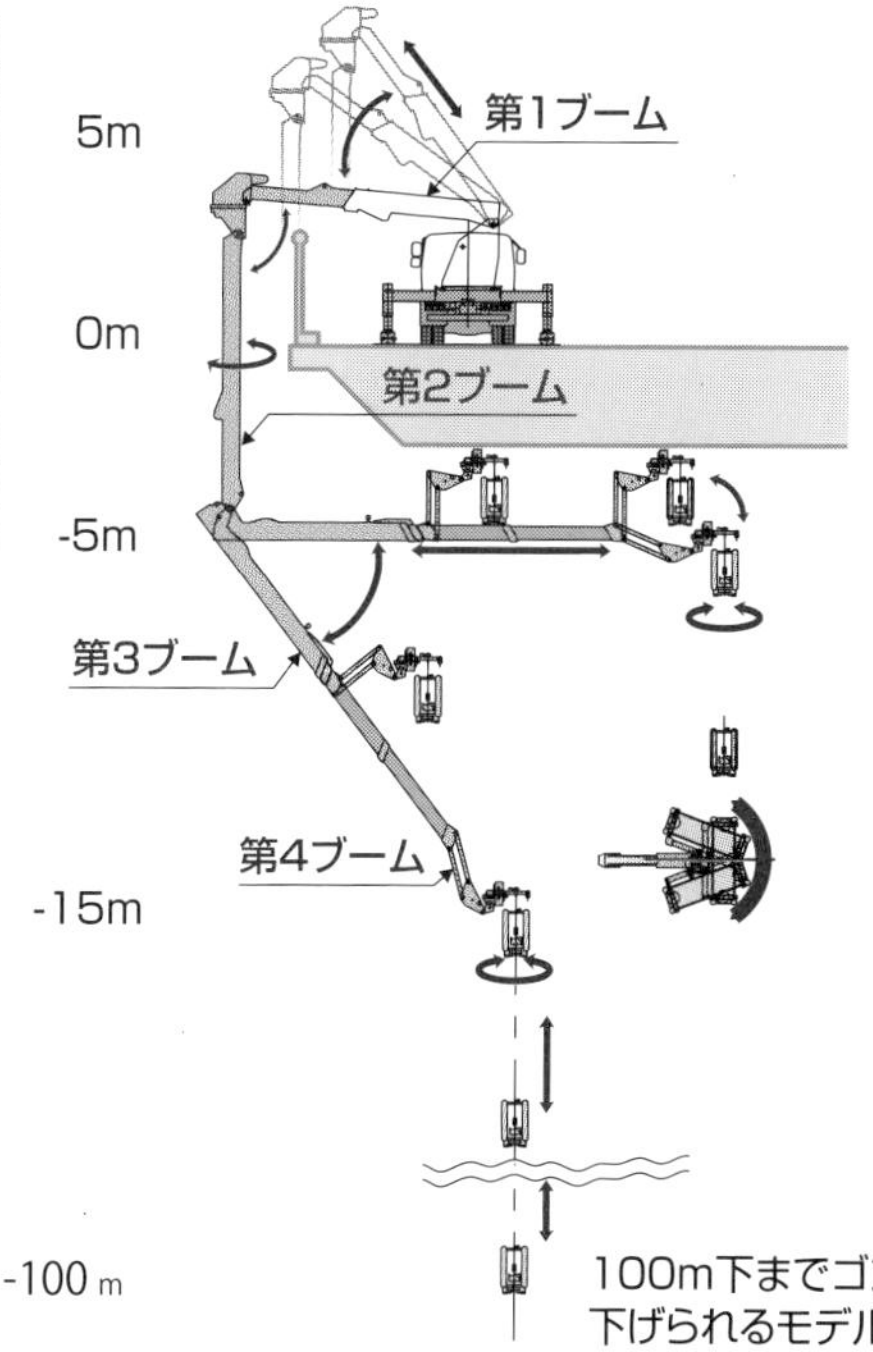

100m下までゴンドラを下げられるモデルもある

写真、資料提供:日本ビソー株式会社

関連ページ 35高所作業車

59 冬の高速道路を安全に！除雪の現場

スノープラウ、ロータリ除雪機の仕事

高速道路では、冬期の安全な走行を確保するため、雪氷対策に力を入れています。

雪氷対策は、情報収集から始まります。各所に設けられた気象観測計や定点カメラからの情報、交通管理隊・雪氷巡回班の現地での気象や路面状況の確認情報、気象予報会社からの詳細な予測データなどの情報を集約し、凍結防止、初期除雪、路面整正、拡幅除雪などの対策が指示されます。

こうした指示を受けて除雪機械たちが稼働します。除雪トラックは、前面にスノープラウ（除雪板）を取りつけています。大型のもので幅3・0〜4・5mほどになるスノープラウは、道路に積もった雪を、左右いずれか、または両方に押しのける役割を持っていて、積雪量や雪質に応じて角度を変えられます。雪の多いところでは折りたたまないタイプ、雪の少ないところでは折りたためるタイプといったように、状況によって使い分けます。スノープラウの下部は、路面と接する部分の雪を削り取る際に路面を傷めないように、交換可能な高硬度のウレタンゴムになっています。

スノープラウでは取り切れなかったような固まってしまった雪は、除雪トラック（トラックグレーダ型）の下部に装着されたグレーダで除去することができます。

高速道路は、追越車線、走行車線、路肩、と複数の走行レーンで構成されています。迅速な除雪を行うためには、2〜3台の除雪トラックで編成された梯団（ていだん）除雪を行い、中央分離帯側から路肩側へと順番に雪を押し出します。最後尾には標識車が走行し、後続のドライバーに除雪作業中のお知らせや追越禁止を呼びかけます。

除雪トラックによって路肩に寄せられた雪を、道路脇の斜面などに投雪する時には、ロータリ除雪機が活躍してくれます。また、サービスエリア、パーキングエリアなどの駐車場では、小回りのきくトラクタショベル（スノーローダ）が便利です。

要点BOX

- ●前面にスノープラウを装着した除雪トラック
- ●複数の除雪トラックで迅速に作業する梯団除雪
- ●ロータリ除雪機やトラクタショベルも活躍

除雪の現場

▼複数の除雪トラックによる梯団除雪

除雪トラックとスノープラウ

▼標識車をベースにした除雪トラック

▼スノープラウ（折りたたまないタイプ）

▼湿塩散布車をベースにした除雪トラック

スノープラウ（中央で折りたためるタイプ）

ロータリ除雪機

写真提供:NEXCO中日本

関連ページ 21 ロータリ除雪機

Column

日本の各地で活躍する建設機械

建設機械は、私たちの生活や産業の基盤となるインフラ（社会基盤）を整備、維持していくために、さまざまな場所で活躍しています。

北の大地、北海道の冬。人々の移動や物流を支える鉄道の除雪に欠かせないマシンがあります。ラッセルモーターカー（ETR600RW）です。600馬力の高性能排雪モーターカーを2台連結させた強力な突進力により、先頭部のラッセル装置が線路の雪を押しのけていきます！

本州の中央、長野県の北アルプス山麓では、トンネル工事で活躍するマシンがありました。ドリルジャンボです。最前線の掘削面である切羽をさらに掘り進めるために稼働しています。爆薬装填や薬液注入するための細長い穴を、掘削する進行方向に穿孔していきます。

沖縄の海で活躍しているマシンがありました。海底の掘削、穿孔や、砕石の敷均し、パイプラインの埋設など、アタッチメントの付け替えにより、さまざまな作業で海中工事を担ってる水中バックホウです。水深50m程度まで潜る能力があります。

ラッセルモーターカー

写真提供:株式会社NICHIJO

ドリルジャンボ

取材協力:長野県大町建設事務所、戸田・鴛澤建設共同企業体
撮影:筆者

水中バックホウ

写真提供:極東建設株式会社

第7章

最先端と未来の建設機械

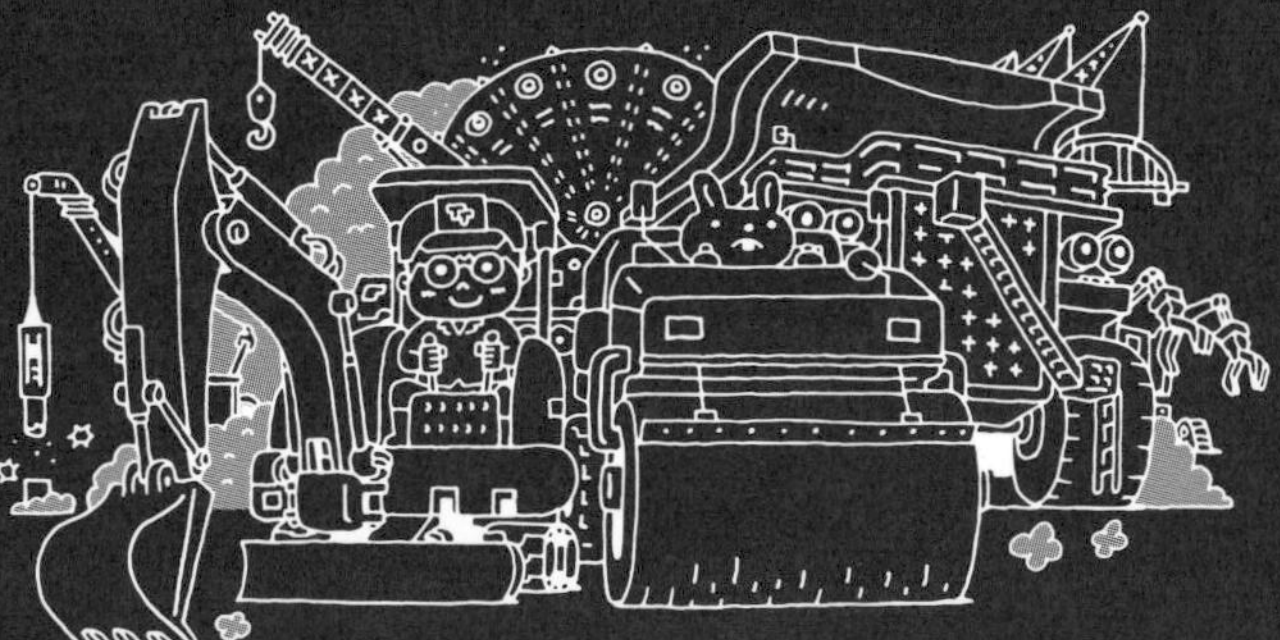

60 二本の腕を持つロボットのような重機！

被災地のがれき撤去で活躍した双腕仕様機

がっしりとした双腕（二本の腕）と四脚（四つの脚）を持つ、ひときわ目を引く建設機械があります。日立建機が開発した四脚双腕コンセプトマシンです。

カニのハサミを思わせるアタッチメントと、これを取りつけるアームは、アルミ合金製で軽量化を実現しています。双腕を巧みに操縦することによって、土木工事や、解体や林業、廃棄物処理・金属リサイクルなど、さまざまな場面での活躍が期待されます。

もう一つの大きな特長は、四脚の独立したクローラです。操縦席のタッチパネルから、四つのクローラの縦、横、斜め、高さをそれぞれ調整することができます。これによって機体を地面に近づけた伏せた状態から、油圧シリンダによって立ち姿勢にすることも可能です。

2005年に油圧ショベルをベースにした双腕仕様機の初代ASTACO（アスタコ）が開発されました。その後、左右の腕がほぼ同じ形をした「ザリガニ型」と、大きな主腕と器用な副腕を持った「シオマネキ型」の2タイプで開発が進められています。「ザリガニ型」は、2009年に東京消防庁で試験運用された後、2011年に採用されました。また、パワーのバランスを重視した「シオマネキ型」は、2008年に解体やスクラップ用として試作機が作られた後、改良モデルを経て2012年に製品化が実現しています。

2011年の改良モデルが東日本大震災のがれき撤去に導入されました。南三陸町では、工場建屋の鉄骨構造物が複雑に絡み合った状態で散乱している現場に導入されました。鉄骨を主腕で把持し、建物基礎部から引き上げながら、副腕に装着したカッターで切断し、複雑で困難な撤去作業を遂行しました。石巻市でも作業がありました。津波によって店舗に突入してしまった保冷車コンテナの撤去です。コンテナを構成している鉄フレーム、アルミニウム、木材などを双腕で分離しつつ、運搬可能な長さに切断して運搬車への積載を行いました。

要点BOX

- ●アタッチメントの異なるザリガニ型とシオマネキ型
- ●つかみながら切る、曲げるなど複雑な作業を実現
- ●独立した4つのクローラで複雑な位置を調整可能

四脚双腕コンセプトマシン

◀「ザリガニ型」の双腕と四脚

▼初代ASTACOは、
6t級油圧ショベルをベースに開発

▼2011年、消防機関に
正式採用されたZX70TF-3

▼異なるアタッチメントの
主腕と副腕を持つ、
すでに製品化されて
いる「シオマネキ型」

ASTACO NEO(ZX135TF-3)

▼がれき撤去作業(南三陸町)

写真・資料提供:日立建機

61 低炭素社会に貢献するハイブリッド建機

低炭素型建設機械、ハイブリッドシステム

CO_2（二酸化炭素）排出軽減効果の高い低炭素型建設機械を普及させ、工事で排出されるCO_2を削減することを目的とした認定制度が始まっています。最初の認定を受けた建設機械が、ハイブリッド油圧ショベルＳＫ80Ｈ、ＰＣ２００の2機種です

ハイブリッドは「混成」を意味し、特性の異なる2つのものを組み合わせて、性能や機能を向上させる技術です。ハイブリッドシステムは、自動車でよく知られていますが、自動車の技術をそのまま建設機械に応用することはできません。例えば、油圧ショベルは自動車のように高速で長距離を移動することはありませんが、掘削などの作業や不整地でも走行できることや、重い物を移動できるという特徴があります。このような建設機械としての特徴をふまえたうえで、独自のハイブリッド技術の開発が必要でした。

実用化された油圧ショベルのハイブリッド機構では、上部旋回体を駆動する旋回モータが電気式です。ここでは、旋回減速から停止するまでに発生する運動エネルギーを電気エネルギーに回生します。そのほか、ショベルの腕を下げる際に発生する位置エネルギーなど、無駄な動力や熱になって逃げているエネルギーを蓄えることが可能になりました。蓄えられたエネルギーは、回転や掘削など負荷の高い作業のアシストに活用することで、燃費向上とスムーズな運転を実現します。エンジンの小型化や回転変動も少なくなるので、騒音の低減効果もあります。

コベルコ建機の20ｔクラス ＳＫ２００Ｈ-10では、大容量のリチウムイオンバッテリーに蓄電した電気により発電電動機をモータとして使うことでエンジンをアシストしています。さらに、エネルギー損失の少ない油圧システム、アイドリングストップ機能などにより、生産量を10％向上させつつも、燃費性能では従来型の16・7％低減を実現しています。

要点BOX

- ●自動車とは異なる建設機械のハイブリッド機構
- ●旋回モータを電気式にしてエネルギーの回生に利用
- ●蓄えられたエネルギーで負荷の高い作業をアシスト

低炭素型建設機械として最初に認定された機種

SK80H

写真提供:コベルコ建機

PC200

写真提供:コマツ

油圧ショベルのハイブリッド機構

20tクラスのハイブリッド機

SK200H-10

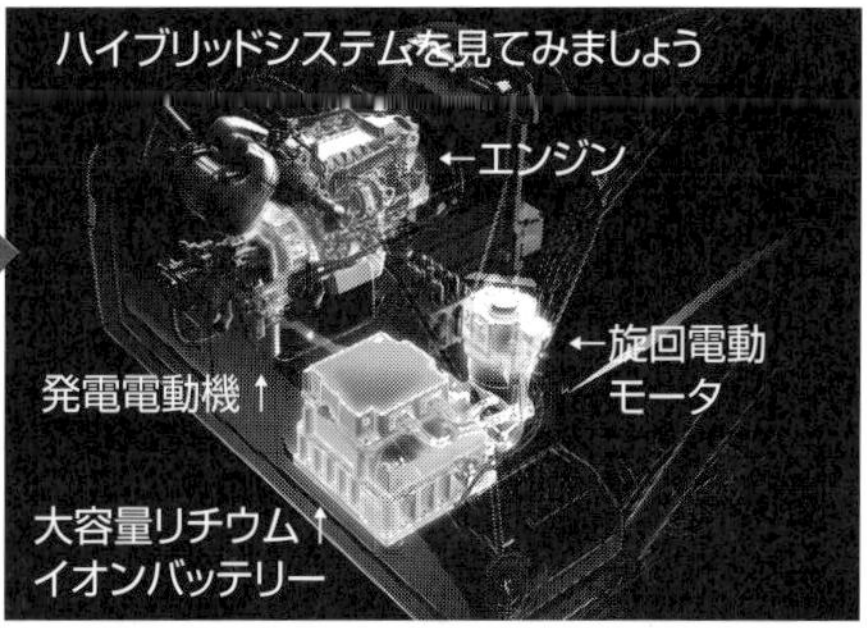

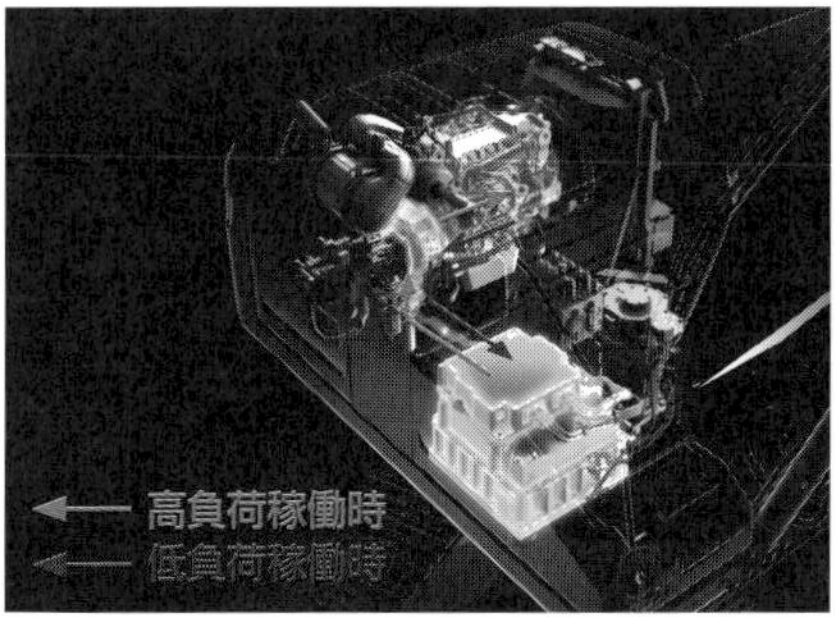

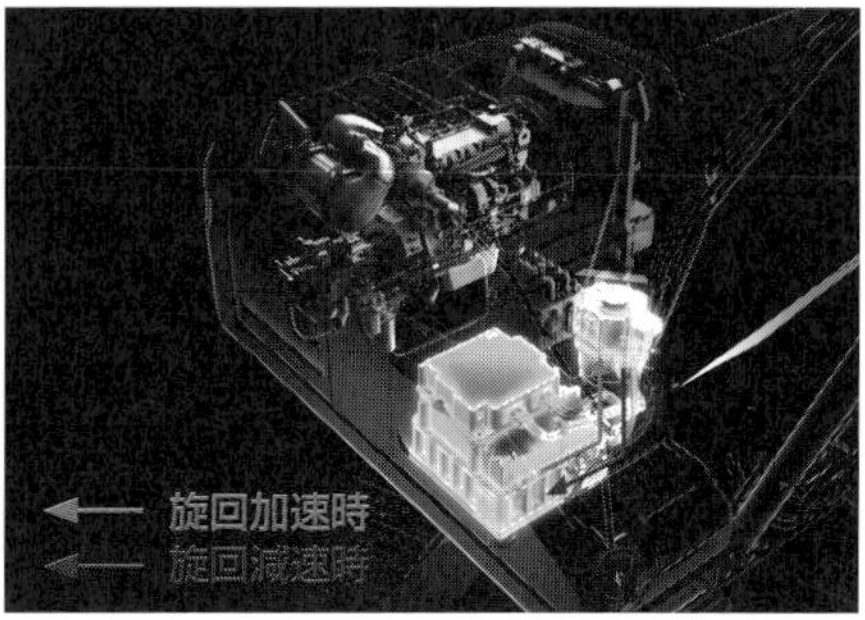

高負荷稼働時:リチウムイオンバッテリーに蓄電した電気によって、発電電動機をモータとして使い、エンジンをアシスト
低負荷時:エンジン動力を発電電動機の発電に使い、リチウムイオンバッテリに蓄電

旋回加速時:リチウムイオンバッテリーに蓄電した電気で旋回
旋回減速時:制動エネルギーを電気エネルギーに変換し、リチウムイオンバッテリに蓄電

写真・資料提供:コベルコ建機

関連ページ 44排気ガスなどの環境保全技術

62 3Dプリンタが建材パーツを作り出す！

建設用3Dプリンタの可能性

　三次元のデータによるコンピュータ上のモデルから、立体物を作り出す装置、それが3Dプリンタです。さまざまな分野で実用化されています。

　大林組で開発された建設用3Dプリンタは、大型のロボットアームの先端に、特殊モルタルを連続して吐出できるノズルを取り付けた方式です。このマシンによって、鉄筋と型枠を使わずに、曲面だけで構成されたシェル型（屋根付き）ベンチが試作されました。

　まず、幅3㎝、厚さ5㎜で積層し、構造物の外殻となるフレームを作ります。ノズルの移動経路はコンピュータで自動生成され、ロボットアームの動きとしてあらかじめシミュレーションすることが可能です。積層するモルタルは、短時間で硬化できる専用の材料を用います。こうしてできあがった積層フレームを型枠の代わりにして、金属繊維の入った超高強度繊維補強コンクリートをフレーム内に流し込みます。鉄筋を不要とするこのセメント系材料も新たに開発されたものです。この技術により、高強度で軽量化された構造物のパーツが製造できました。このパーツを組み立てると、目的となる構造物が完成するわけです。

　なめらかな流線形をしたデザインの橋を3Dプリンタで作るプロジェクトがオランダにありました。オランダでは、3Dプリンタで作られてた自転車橋やステンレス製の橋なども実現しています。また、自走式3Dプリンタを開発した会社もあります。このマシンは、コンクリート出力アームを持ち、クローラを使って自走する高さ4mを超えるもので、曲線的でユニークな建築物を実際に作り出しています。

　建設用3Dプリンタの活躍は、工期の短縮やコスト縮減のほか、製造や運搬などでの環境負荷の軽減、そして新たなデザイン、意匠性の実現などにつながるものと期待されています。さらに遠隔操作や自律運転の技術により、将来の宇宙開発でも欠かせない存在になることでしょう。

要点BOX

- ●ロボットアームにノズルを取りつけた建設用3Dプリンタ
- ●3Dプリンタで積層フレームを作りコンクリートを充填
- ●曲面的なデザインの橋や住宅で実用化

3Dプリンタを使ったベンチ

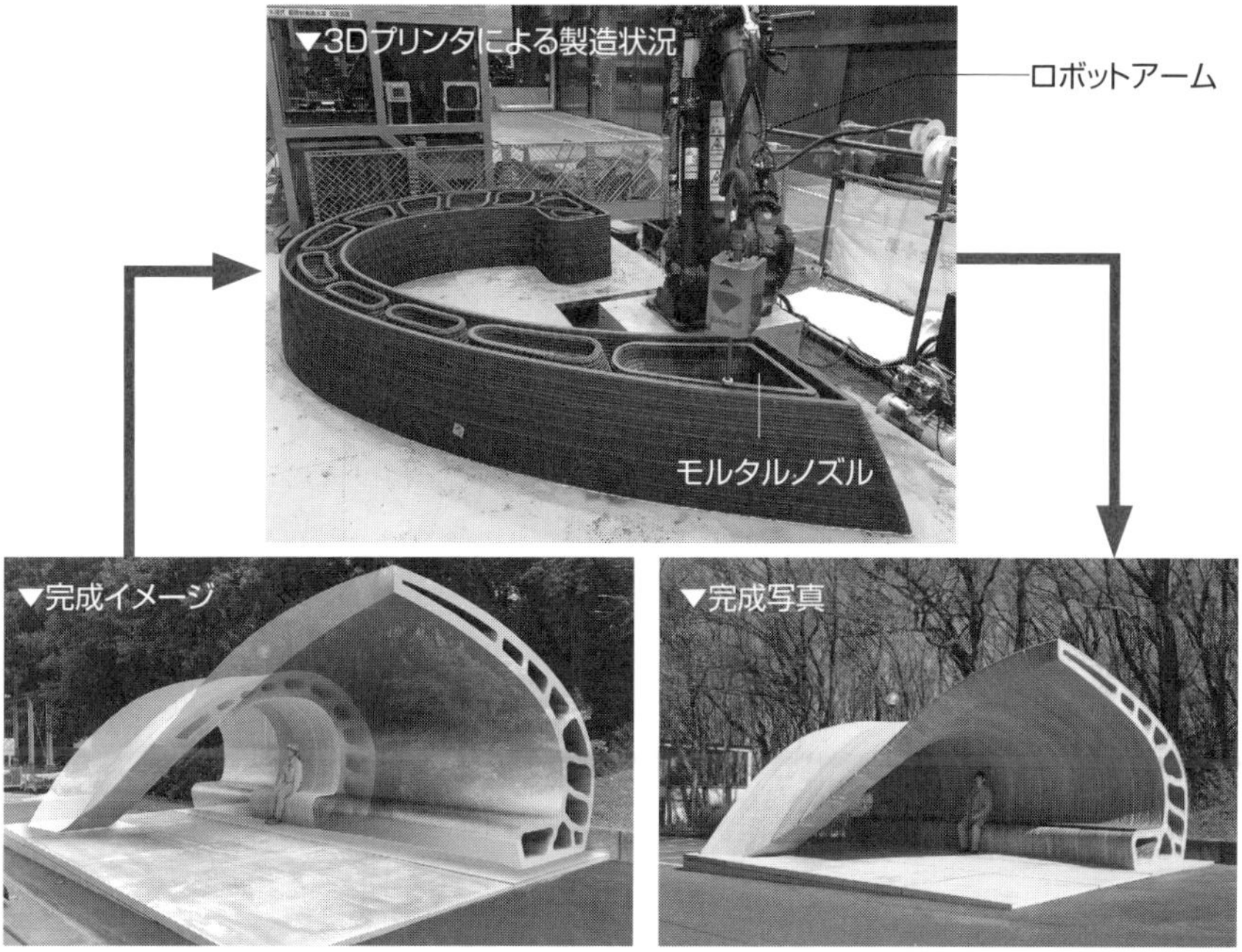

写真提供:株式会社大林組

■ブリッジプロジェクト(オランダ)

Image and design: Michiel van der Kley

■自走式3Dプリンタ(オランダ)

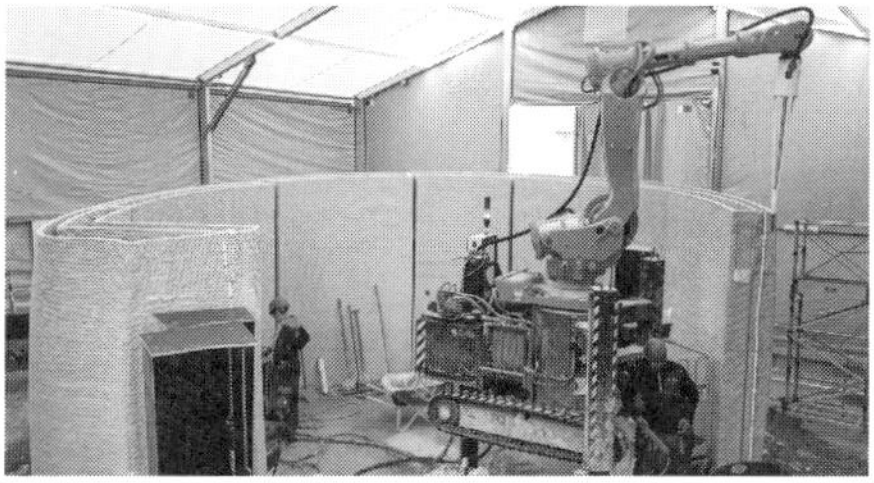

Source : CyBe Construction

Image : Martin Stor, Netherlands.
Source : http://www.bridgeproject.nl

関連ページ　64宇宙で活躍が期待される建設機械

63 遠隔操縦と自律稼働

GNSS、5Gを活用した建設機械の将来

衛星測位システムは、アメリカで開発されたGPS(Global Positioning System)のほか、数か国でも開発が行われ、GNSSと呼ばれる全球測位衛星システムが構築されています。こうしたシステムはカーナビでも取り入れられ、身近な技術となってきました。GNSS衛星と、地上のGNSS固定局を結び、さらにドローンやトータルステーションなどを用途に応じて組み合わせることが実用化されています。

今後は、高速・大容量・低遅延の特徴を持つ5Gのモバイルネットワークを利用することで、建設機械の遠隔操縦が期待できます。専用コックピットに座り、現場にあるブルドーザからリアルタイムで送信される複数のカメラ映像を見ながら、コントロールすることも可能です。また、機械周囲の俯瞰映像で、遠隔でもほぼ死角のない自由な視点での操縦も実現します。

画面を切り替えると、すぐに別の現場が現れる、遠隔作業ができる、といったように世界中の現場で動く建設機械を運転できる技術に発展できます。

現場で稼働する建設機械が、AIを用いた画像分析やセンサによる地形計測を行いながら自律運転できる技術の実用化も期待されています。これにより掘削・旋回・積込といった作業ができる油圧ショベルや、カメラなどによって障害物検知を行いながら指定された場所へ運搬・排土するといった無人運転のクローラダンプなど、複数の機械が相互に自律化された協調作業を行うことも可能です。

無人ダンプトラック運行システムがすでに実用化されている鉱山では、遠隔操作と無人化による生産性と安全性の向上がさらに進んでいます。海外の見本市では、最大積載量416トンのキャブレス(無人)ダンプトラックのデモ機が展示されました。前後にセンサ機能を備えているので、もはや進行方向に前進・後退の概念は必要ありません。

要点BOX

- ●人工衛星やドローン、通信技術を活用したICTの発展
- ●AIを用いた画像分析などを応用した自律運転の実用化
- ●遠隔操作で、世界どこでも、複数の現場でも操縦可能

遠隔作業ができる建設機械

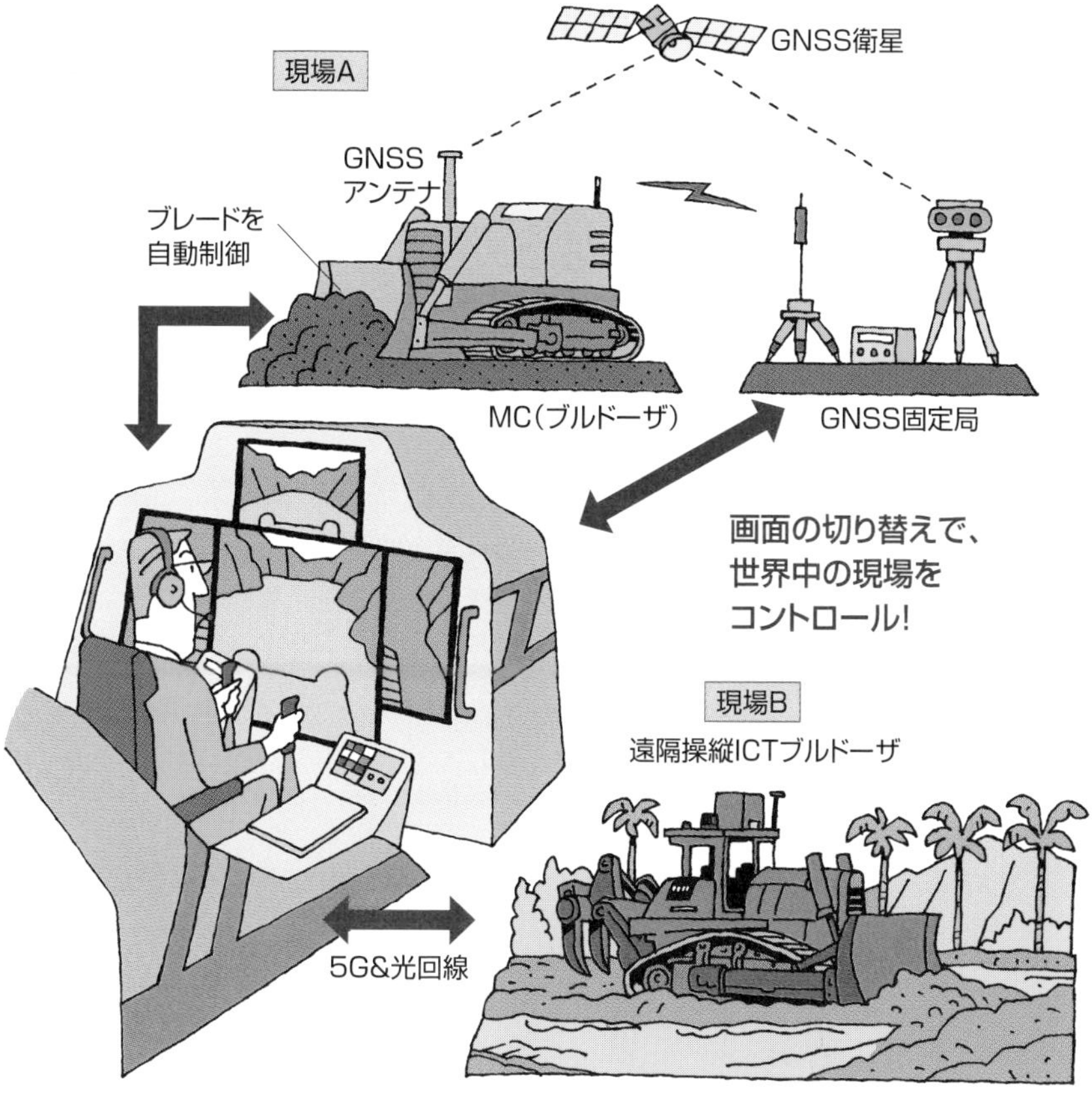

自律運転油圧ショベルと自律運転クローラダンプ

キャブレス（運転席のない）
無人ダンプの実機 IAHV

写真・資料提供 コマツ

関連ページ 40建設機械の正確な制御技術 65未来の建設機械
【第2章コラム】安全や環境に貢献するマシン！

64 月や火星での基地建設をめざして！

宇宙で活躍が期待される建設機械

夢とロマンがあふれる宇宙。さまざまな技術革新により宇宙での長期滞在が実現しています。さらに宇宙探査技術の研究分野は、月面基地建設や火星探査などにも目が向けられています。

月や火星で探査や技術開発を行うために、人の滞在できる拠点が必要となってきます。しかし、多くの人を送り込んでの建設は容易ではありません。そのため、無人で基地建設ができるシステムが必要と考えられています。効率的な作業を行うためには、地球からの遠隔操作に加え、機械自らが情報を収集しながら解析、認識を行い、自律的に動けることが望まれます。すでに地上で実績をあげてきているこうした技術を発展させ、組み合わせるといった技術革新に取り組まなければなりません。

ここで、ＪＡＸＡ（宇宙航空研究開発機構）で研究されている未来の機械を二つご紹介しましょう。

一つめは、不整地用マルチクローラロボット「健気」です。地面、障害に適応する四つのクローラが特徴のロボット車両です。地形にフィットするクローラによって、高い不整地踏破性能を発揮できます。低重心の車体は横転しにくく、車体に物や人を乗せることや、けん引することも想定されています。シンプルな機構にすることで故障を少なく、操作を容易にすることにつながっています。

二つめは、「拠点建設ローバ」です。月や火星などの拠点建設で必要となってくる遠隔操作や自動・自律技術を研究開発するため試験プラットフォーム車両（ローバ）として研究されています。上部に建設作業用のアーム等を取りつけ、複数台のローバ間での協調や通信の遅れ対策など実用化に向けた進化をとげています。

ただし、基地建設に用いるすべての資材を地球から持ち込むことは難しいでしょう。必要なものが現地で調達でき、現地のエネルギー源で環境負荷を少なく建設する技術も必要となってきます。

要点BOX

- 有人拠点建設には、無人で構築できる技術が必要
- 建設機械の遠隔操作と、自動、自律運転が決め手！
- ICT技術や環境認識技術を複合させて能力アップ

月面で基地建設!

JAXAでイメージする月面で稼働する建設機械

←拠点建設ローバ

←マルチクローラロボット「健気」
長さ1.15m×幅0.82m×高さ0.27m
重量45kg

(C) 宇宙航空研究開発機構(JAXA)

関連ページ　623Dプリンタ　63遠隔操縦と自律稼働

65 未来の建設機械

ＶＲやＡＩ、ロボットなど先端技術の応用

未来の建設現場ではどんな建設機械が活躍しているのでしょうか？タイムスリップしてみましょう。

未来の建設現場は無人が基本です。現地には現場作業員をはじめとする人間が不在なので労働災害は発生しません。人間の代わりに、現場ではロボットや無人建設機械が動き回っています。

こうした建設現場は、離れたオフィスからコントロールしています。ＶＲ（仮想現実）やＡＩ（人工知能）を駆使し、あたかもその現場にいるかのように、遠方にいる複数の工事関係者が多言語で会議をすることや、現場巡回することも可能です。

オフィスには、現場作業をコントロールすることができる操縦席があります。ＶＲゴーグルを装着したオペレータは、現場にある無人建設機械を巧みに操縦しています。また、手の動きはロボットの動作とシンクロし、現地での感触を実感しながらの作業も可能です。同じ操縦席で複数の現場を切り替えることもでき、居ながらにして世界中はもちろん、宇宙でのオペレーションも可能にしています。

現場に目を移してみましょう。建設機械はノンキャブ、つまり運転席がありません。カメラやセンサの情報がオフィスにいるオペレータに伝え、受けた指示をもとに自律的に作業を進めています。ロボットは、障害物などを認識しながら資材置き場までのルートを計算し、資材を持って運び、荷下ろしをします。空中ではドローンが情報伝達などの支援をしています。

多くの人手とたくさんの建設機械が必要な現代の建設現場のシステムは、無人化へと近づいていきます。このシステムが実現すれば、災害発生の緊急事態にも迅速で安全な復旧活動ができます。

電動化や無人運転・自律運転、遠隔操縦など、安全で環境にもやさしい技術開発によって、建設機械とオペレータの操縦環境はより高度に進歩し、社会に貢献していくことでしょう。

要点BOX

- ●VR(仮想現実)やAI(人工知能)を活用したオフィス
- ●オフィスから遠隔地の作業をオペレーション
- ●ノンキャブの建設機械やロボットが活躍する現場

未来の建設現場

■未来のオフィス

▼AIを駆使したミーティング

▼VRゴーグルで遠隔操作

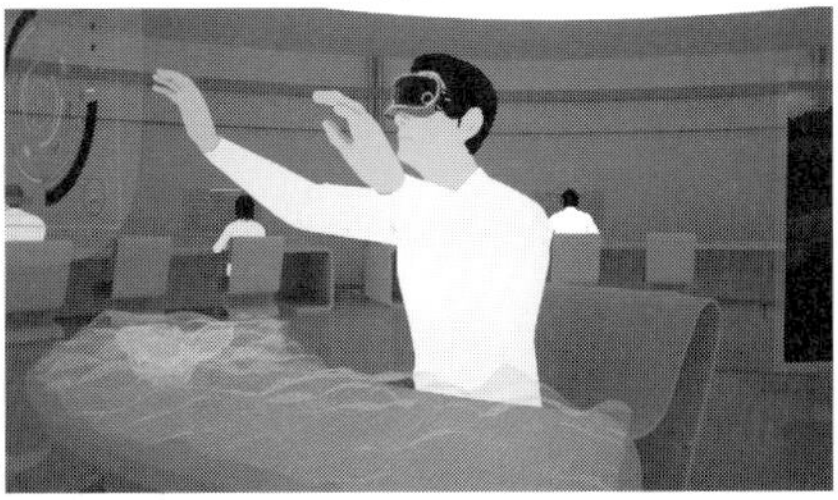

イメージ画像出典:一般社団法人日本建設機械工業会
建設機械産業の将来ビジョン「20年後の建設現場」

関連ページ 63遠隔操縦と自律稼働

Column

建設機械メーカーの世界シェア

建設機械メーカーの世界シェア
（⬅次ページの表を参照）

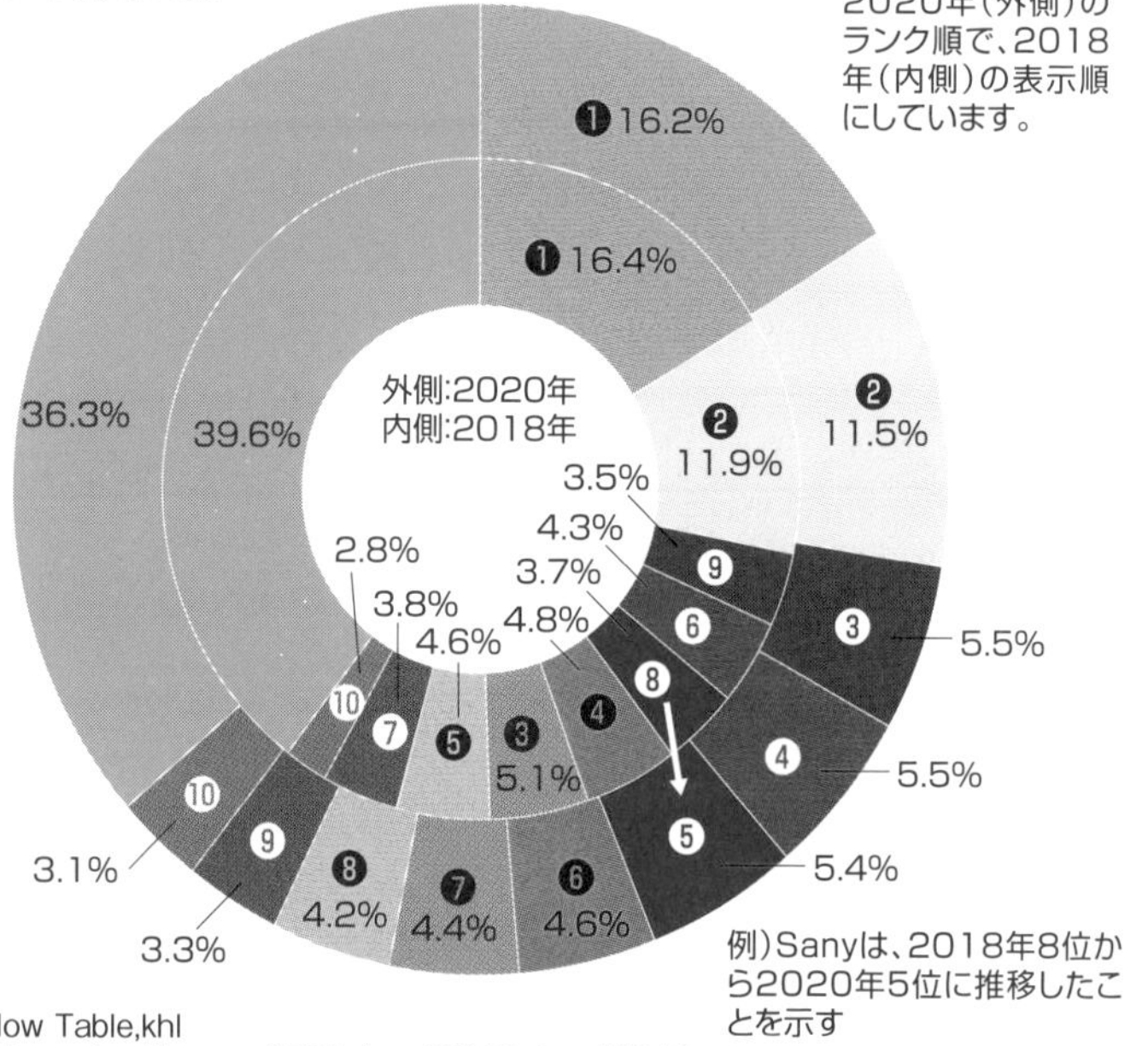

Source:Yellow Table,khl
international construction,may2020 / april2019 / april2018
https://www.international-construction.com

建設機械を製造するメーカーは世界各国にあって、市場のグローバル化が進んでいます。

日本では、戦後の復興、国土のインフラ整備に伴って建設機械の需要が高まり、一時は2兆円を超える市場となっていました。しかし、バブル経済の崩壊以降、国内市場は大きく縮小してしまいました。その一方で、日本の建設機械メーカーは海外事業展開にも積極的でしたので、国際的なシェアは上位にあります。

特に、2019年の国別の世界ランキングでは、日本が1位に輝きました。

企業別にみると、キャタピラー（アメリカ）が第1位、コマツ（日本）が第2位のシェアを誇ります。最近では、中国市場の拡大を背景に、中国企業のシェアが上昇しています。

企業別世界シェアBEST10

ランク	2020	2018
①	キャタピラー	キャタピラー
②	コマツ	コマツ
③	John Deere	日立建機
④	XCMG	ボルボCE
⑤	Sany	Liebherr
⑥	ボルボCE	XCMG
⑦	日立建機	Doosan Infracore
⑧	Liebherr	Sany
⑨	Doosan Infracore	John Deere
⑩	Zoomlion	JCB

XCMG:徐工集団
Sany:三一重工
Doosan Infracore:斗山インフラコア
Zoomlion:中联重科

■国別シェア率BEST3

年	2018	2019	2020
1位	米国 26.3%	日本 25.3%	米国 24.6%
2位	日本 24.8%	米国 24.6%	日本 23.1%
3位	中国 14.0%	中国 16.0%	中国 17.7%

企業間の連携によるグローバル化にも注目です。例えば、日立建機は1960年代から米国のディア社（John Deere）とパートナーシップを結び、開発や生産、販売、サービスなどにわたる協力関係を築いています。

Column

日本国内に目を向けてみましょう。

ミニバックホウの販売台数では、世界一と評されている株式会社クボタは、主力工場である枚方製造所（1962年稼働）で1974年から小型建設機械の生産を開始しました。

生産ラインの中でも溶接工程は、熟練工の技術と最新鋭のロボットで支えられています。ロボットは生産性と品質を向上させるメリットがありますが、熟練工と同じように繊細な溶接作業をさせるのは困難です。

そこで、技術者から溶接ロボットに匠の技をインプットするティーチングが重要になります。技術力や作業効率、精度を高める改善に絶えず取り組むことで、安定した高品質の建設機械が誕生しているのです。

このようにして同社で製造された50万台以上の高品質なミニバックホウは、世界50ヵ国以上で活躍しています。

▲世界で活躍する日本のミニバックホウ
ミニバックホウの販売台数で世界一

▲株式会社クボタ枚方製造所の
製造ラインのようす

◀撮影地:こまつの杜
(74ページ参照)
撮影:筆者

(参考) 重量の表記について

機体の重量は、機械本体と付属品、燃料等やオペレータなどを含む、含まないなどにより、個々に定められた用語、計算方法があります。

- **機体質量**
  機械本体の乾燥（水、油の入ってない）単体質量。作業装置も除く。
- **機械質量**
  運転、作業できる状態の質量。トラックでの輸送などで用いられる。
  機械質量＝運転質量－オペレータ（75kg）と同じ
- **運転質量（全装備質量）**
  燃料、潤滑油、作動油、冷却水を規定量含め、指定されたキャブ、キャノピ（運転員保護ガード）、作業装置など完全なフロントアタッチメントを装備した状態で、オペレータ１名分（75kg）、付属工具を含んだ時の総質量
- **機械総質量**
  →バケット山積み容量を含んだ時の質量。
  機械総質量＝運転質量＋最大積載質量
  最大積載質量＝バケット山積み容量×土の比重（1.8）

●注意

- 本書は、著者が独自に調査した結果により出版したものです。機種名や部品名などがメーカーのカタログ等と相違がある場合があります。
- 内容について万全を期して制作しておりますが、もしも誤った記載などお気づきの点がございましたら、出版元まで書面にてご連絡ください。
- 本書の内容を運用された結果の影響につきましては、上記にかかわらず責任を負いかねますので、あらかじめご了承ください。
-
- 本書に記載されている会社名、機種名、商品名などは、一般に各社の商標または登録商標です。本書は、各協力社の同意を得て使用しています。

今日からモノ知りシリーズ
トコトンやさしい
建設機械の本

NDC 513.8

2021年 7月30日 初版1刷発行
2022年 1月21日 初版2刷発行

©著者 宮入 賢一郎
発行者 井水 治博
発行所 日刊工業新聞社
東京都中央区日本橋小網町14-1
(郵便番号103-8548)
電話 書籍編集部 03(5644)7490
販売・管理部 03(5644)7410
FAX 03(5644)7400
振替口座 00190-2-186076
URL https://pub.nikkan.co.jp/
e-mail info@media.nikkan.co.jp
印刷・製本 新日本印刷(株)

● DESIGN STAFF
AD ――――― 志岐滋行
表紙イラスト――― 黒崎 玄
本文イラスト――― 榊原唯幸
ブック・デザイン― 矢野貴文
(志岐デザイン事務所)

●
落丁・乱丁本はお取り替えいたします。
2021 Printed in Japan
ISBN 978-4-526-08149-1 C3034

●定価はカバーに表示してあります

●著者略歴
宮入 賢一郎(みやいり・けんいちろう)
国立長野工業高等専門学校 客員教授
長野県林業大学校 非常勤講師
株式会社KRC 代表取締役社長
一般社団法人社会活働機構 OASIS 理事長
特定非営利活動法人CO2バンク推進機構 理事長
技術士(総合技術監理部門:建設-都市及び地方計画)
技術士(建設部門:都市及び地方計画、建設環境)
RCCM(河川砂防及び海岸、道路)、測量士、
1級土木施工管理技士
登録ランドスケープアーキテクト(RLA)
http://www.miken.org/
< 主な著書 >
トコトンやさしいユニバーサルデザインの本、日刊工業新聞社
はじめての技術士チャレンジ!、日刊工業新聞社
技術士ハンドブック、オーム社
1級、2級の土木・造園施工管理試験書籍(オーム社、秀和システム)多数
事例に学ぶ トレードオフを勝ち抜くための総合技術監理のテクニック、地人書館
市民参加時代の美しい緑のまちづくり、経済調査会
図解 NPO法人の設立と運営のしかた、日本実業出版社

●取材、編集協力
株式会社KRC
http://www.krc-net.com/
一般社団法人社会活働機構 OASIS
https://oasis-japan.org/